|新世纪全国高等教育影视动漫艺术丛书|

GAME LEVEL DESIGN

游戏关卡设计

◎国家科技部“科技支撑计划”项目成果
◎国家文化部“原动力”支持计划成果
◎国家教育部“教学成果一等奖”内容产品

师涛 / 编著

国家一级出版社
全国百佳图书出版单位

西南师范大学出版社
XINAN SHIFAN DAXUE CHUBANSHE

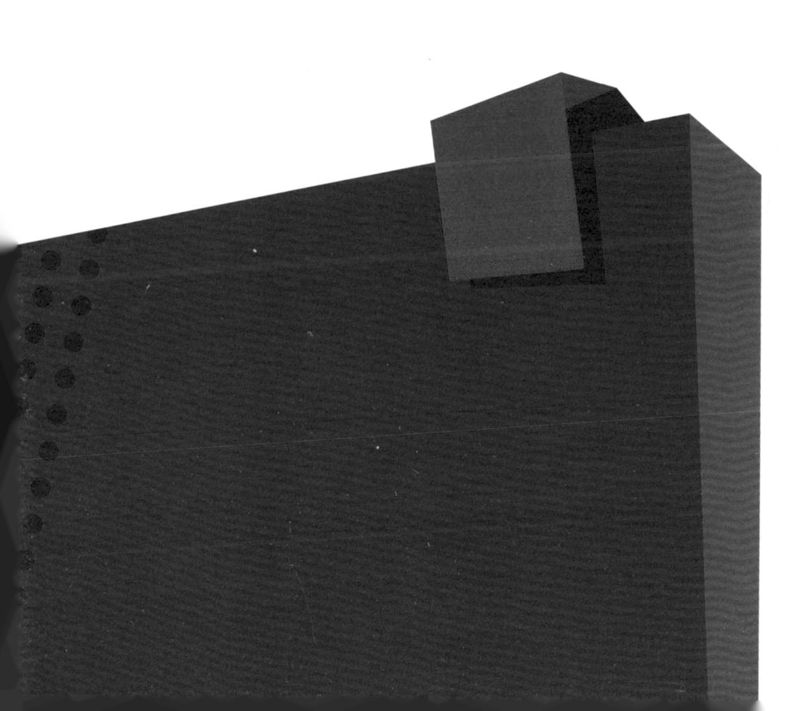

图书在版编目（CIP）数据

游戏关卡设计 / 师涛编著. -- 重庆 : 西南师范大学出版社，2015.8
（新世纪全国高等教育影视动漫艺术丛书）
ISBN 978-7-5621-7517-9

Ⅰ. ①游… Ⅱ. ①师… Ⅲ. ①游戏－软件设计－高等学校－教材 Ⅳ. ①TP311.5

中国版本图书馆CIP数据核字(2015)第161624号

新世纪全国高等教育影视动漫艺术丛书
主 编：周宗凯
游戏关卡设计 师涛 编著
YOUXI GUANQIA SHEJI

责任编辑：鲁妍妍
整体设计：张 毅 王正端
排 版：重庆大雅数码印刷有限公司 · 黄金红
出版发行：西南师范大学出版社
地 址：重庆市北碚区天生路2号
邮 编：400715
本社网址：http://www.xscbs.com
网上书店：http://xnsfdxcbs.tmall.com
电 话：(023)68860895
传 真：(023)68208984
经 销：新华书店
印 刷：重庆普天印务有限公司
开 本：889mm×1194mm 1/16
印 张：9
字 数：215千字
版 次：2015年10月 第1版
印 次：2015年10月 第1次印刷
ISBN 978-7-5621-7517-9
定 价：48.00元

本书如有印装质量问题，请与我社读者服务部联系更换。
读者服务部电话：(023)68252507
市场营销部电话：(023)68868624 68253705

西南师范大学出版社正端美术工作室欢迎赐稿，出版教材及学术著作等。
正端美术工作室电话: (023)68254657（办）13709418041（手）QQ：1175621129

序 | PREFACE

从某种意义上讲，动画不仅仅是一门集艺术与技术于一体的学科，它还是当代文化艺术的集合点——文学、影视、美术、音乐、软件技术等尽汇其中。动画也是一个产业——已成为世界创意产业中非常重要的组成部分，这必然涉及产品和产业的系统策划、衍生产品开发、市场营销等。由此，动画必然成为一个内容庞杂、体系庞大的学科。

动画创作从编剧到技术制作，再到配音，要跨越几个专业，因此，没有团队的协作很难完成。这使动画教学自然还要涉及团队合作精神和工程规划、流程管理等方面。

怎么去实施这些复杂的内容教学呢?

首先，一套优秀的教材对于学校教学和学生学习都是十分重要的，不敢说它就是动画教学机构和动画学子的“锦囊妙计”，但通过教材规划出知识结构的框架和逻辑，使教学有规范，使学生的思考有路径，是十分必要的。但什么是优秀教材？在我看来，“系统性”是十分重要的。按课程名称撰写教材并不是一件难事，将各种动画知识堆砌成一堆所谓的“教材”也不是难事，但要真正使其形成一套系统性的教材是十分困难的。因此，我们专门从全国高校物色那些不仅在相关课程教学中极富经验，而且主持过教学管理、项目管理的领军人物组成编写班子，并经多次研讨、论证、磨合，才完成了本丛书的规划。

其次，动画艺术是一门技术性、实作性很强的艺术。因此，动画教材的编写，不仅要求编写者要有丰富的动画艺术理论知识和教学经验，还要有动画项目的实战经验。使教材超越“常识”层面，才能对学生实践有引领作用，才能以此为垂范去引导学生。本丛书在作者选择上就首先选择了这类专家，同时还吸纳了部分业界精英、创作一线的骨干共同完成这套教材的编写。

本丛书自2008年出版以来，期间进行了多次的修订，将实践经验注入其中，使之不断完善。

特别值得一提的是本丛书的编撰得到了国家相关部门的支持。首先，教材中的部分内容源于我所主持的国家科技部“科技支撑计划”项目成果，这个项目为本丛书的部分技术论证提供了平台。此外，国家文化部“‘原动力’中国原创动漫出版扶持计划”项目为本丛书的多项技术实验提供了支持。重庆市科学技术委员会的 “重庆影视高清技术支持平台”和 “动画产业人才培训基地”成为本丛书试用平台和技术论证平台。没有这些项目和研究平台的支持，本丛书的实践内容将大大削弱，在此对有关部门表示深深的谢意。

当然更应该感谢西南师范大学出版社将这套教材推介给全国广大的读者和同行。在整个编撰过程中，他们的许多建议和努力促进了本丛书的完善，同时他们还为本丛书的出版做了大量烦琐的事务性工作，在此深表感谢。

周宗凯

前言 | FOREWORD

随着游戏产业的不断发展和游戏市场多元化发展步伐的急剧加速，我国对游戏创意产业扶持的力度也在不断加强。越来越多的公司开始进入这个行业，游戏市场一时间百花齐放，行业竞争愈演愈烈，这使得各公司对实用型游戏制作人才的需求也日益增加。相关专家认为，提高我国游戏行业参与国际竞争的实力，挖掘游戏创意文化产业的灵魂，从而推动我国经济转型软着陆。复合型高素质人才的培养是推动我国游戏创意文化产业发展的原动力。

现如今，不仅国内公司纷纷高薪抢聘游戏制作人才，很多国外公司也不惜重金在中国寻觅专业人才。

游戏产业是一个新兴的人才密集型产业，需要大量的专业人员涌入。中国游戏产业的井喷式增长导致游戏人才真空的局面进一步加剧，现今从事游戏制作的人员大部分是从其他专业转型而来的，游戏美术相关知识的从业人员如凤毛麟角，能完全达到企业要求的更是寥寥无几。

游戏关卡设计是游戏设计中的重要环节，也是使一款游戏呈现优良品质并最终得到广大玩家认可的重要保证。在激烈的市场竞争下，游戏关卡设计在整个游戏的设计中已经发展为一个独立的专业，相应的也诞生了游戏关卡设计师这一职位。拥有一系列游戏丰富体验、叙事流畅精彩的游戏关卡设计和满足玩家需求是一款游戏在市场洪流中成功立足的有力保障。

本书作为高等教育艺术类专业的教材，紧密围绕游戏关卡设计规范以及游戏设计人才的基础知识构架两个重点进行编写。编者通过长期的创作实践和探索，以游戏行业的游戏关卡制作标准规范与流程为编写依据。考虑本书所面向的不同基础和层次学生，在理论上深入浅出，将复杂的原理简单化、枯燥的理论生动化、游戏案例具体化。

本书精心挑选大量的游戏关卡设计案例，并尽可能地将游戏关卡设计的理论知识与优秀的游戏关卡设计案例巧妙地融入教学当中。合理的图文混排，使学生在学习相关游戏关卡设计知识的同时也拥有了一套专业性和收藏性较强的资料集。为配合不同层次的学生和游戏关卡设计爱好者的需求，本书在每章结尾都设置了具体的作业练习，供学生对本章知识进行自学与巩固。

本教材的编写填充了国内游戏关卡设计课程的空白。为游戏关卡设计教学提供了基础教学框架，为有志于学习游戏关卡设计并立志投身于游戏事业的学生提供理论依据。

目录 | CONTENTS

游戏关卡设计

GAME LEVEL DESIGN

- 游戏关卡设计的概念与定义
- 游戏关卡设计的构成要素
- 游戏关卡设计在游戏制作中的价值
- 游戏关卡设计的发展趋势

重点:

本章着重分析了游戏关卡设计的发展趋势和演变历史，以及在不同的历史环境下游戏市场对游戏关卡设计需求的变化。本章详细讲解了游戏关卡设计的基本原则，强调关卡设计在一款游戏制作过程中的重要地位以及作用。

通过本章的学习，使学生能够清晰地了解如何适应在不同的时代背景下游戏市场的潮流，并根据关卡中的具体要素、依据游戏的世界观，以及本着对玩家负责的态度创作出高品质的游戏。

难点:

能够正确认识到在不同的硬件历史背景下产生的游戏关卡的特点；梳理游戏关卡设计的发展脉络，并能够通过具体案例的分析，客观深入地了解游戏关卡设计在游戏制作中的作用。

1.1 游戏关卡设计的概念与定义

游戏关卡设计是针对一款游戏的整体策划展开的每一个关卡具体内容设计与实施的过程，是将策划好的游戏框架转化为具体游戏内容的过程，是游戏内容具体实施的开始，是游戏从策划变为产品的桥梁。关卡设计主要的工作内容是将游戏的目标与任务通过场景设置、物品摆放、道具使用、机关触发等多种方式进行合理地规划与组合，制作一系列完整的“游戏地图”。在“游戏地图”里，关卡设计师将游戏的目标和任务提供给玩家，使玩家（游戏角色）可以通过完成一系列游戏地图来完成整个游戏。

关卡设计师通过控制游戏关卡中情节的发展、关卡之间节点的设置，以及对情节扩充等内容进行精心布置来把握玩家体验游戏的过程、方式、路径等，最终达到控制游戏节奏的目的，给予玩家正确的引导，使玩家得到快乐的游戏体验。在玩家体验游戏的过程中常说的“过关”就是指玩家顺利完成了一个游戏关卡的内容，“通关”就是指玩家完成了游戏的所有关卡内容。

游戏关卡设计师通过功能关卡设计（图1-1）与视觉关卡设计（图1-2）两个部分，完成对整个游戏内容的分配与规划，以及视觉效果的实施与表现。功能关卡是用示意图的方式策划设计关卡内容、关卡与关卡之间的连通方式以及剧情和关卡节点的设置。视觉关卡是功能关卡在游戏中的呈现形式，是指以图像的方式呈现功能关卡的内容，使玩家能够直观地根据游戏的提示完成功能关卡所设定的游戏任务。

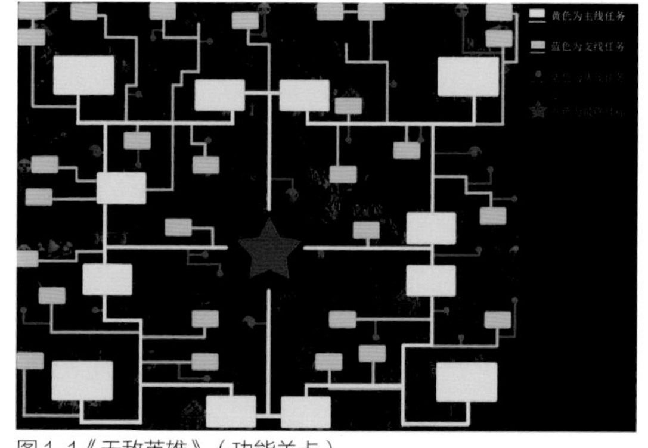

图 1-1《无敌英雄》（功能关卡）

图 1-2《无敌英雄》（视觉关卡）

1.1.1 游戏关卡设计的理念

1. 不同的文化特点决定游戏关卡设计的方向

不同的人文环境会导致人们对游戏的审美感知产生差异。同种类型的游戏会有多种表现题材，这是对文化差异较好的例证。游戏的开发首先应针对不同文化特点的人群展开，选定目标用户群是游戏机制和关卡设计工作展开的前提条件。

首先，作为一名关卡设计师所要面对的问题有：准备开发的游戏会针对哪些用户，吸引哪些用户。在不同的地域以及文化背景下，游戏关卡设计的内容千差万别。目标用户群的分类方式一般包括年龄、性别、国籍、地区、宗教、收入水平、文化层次等，使用目标人群分类方式是设计游戏目标人群的较为可信的方法。

其次，关卡设计师还需考虑用户所处的地域以及信仰。由于游戏产品的特殊性，在同一款跨国游戏中虽然有不同国籍、不同信仰的人参与，但在游戏的过程中能感受到种族歧视或者人权问题的人只是少数，大多数用户只体会游戏本身带来的快感，并未对文化背景做更深层次的分析。

再次，在传统意义上，色彩的人文因素对游戏关卡设计起着决定性的作用。在西方白色代表圣洁，在中国白色代表吊唁（图1-3）。一个全白色的环境在中国人眼中更具悲剧色彩，而在西方人眼中则是神圣与纯洁的象征（图1-4）。受全球文化一体化趋势的影响，地域文化在“融合”和“互异”的共同作用下，文化之间的差异已变得更易于被人们所理解与接受。

最后，一款游戏的畅销程度取决于用户体验的数量。在不同的国家、不同的信仰以及不同的文化背景下，作为一名优秀的关卡设计师在将一款游戏的关卡设计到自我满意的同时，还要更多地服务于社会、服务于公司，这样才能保障社会资源的有效利用和个人价值的实现。同样一款游戏的关卡设计，对目标用户的因素考虑得越全面，用户对游戏的参与度就越高，投入的精力也就越多，这样游戏的生命周期才会越长。

图 1-3 白色菊花代表吊唁

图 1-4 全白色的环境

2. 准确的定位是一个优秀游戏关卡设计的保障

明确用户群体的年龄阶段以及地域文化特点等，在进行关卡设计时就可确定游戏难度、关卡尺度、游戏内容以及游戏机制等范围。

（1）按年龄为目标用户分类

确定目标用户的年龄阶段对关卡的策划起着至关重要的作用。目标用户的年龄不仅会影响关卡难度的设置，也会影响游戏内容的强度。儿童类游戏关卡时间短、规模小，具有持续的交互性以及明显的线索提示。而青少年和成人游戏中的关卡时间长，关卡规模参差不齐，不仅人机交互，更甚人人交互，关卡的复杂程度和游戏机制更加多样化。《摩尔庄园》是一款针对儿童开发的益智类游戏，游戏关卡设计的时间短，只需玩家进行简单的操作就可以完成，但是关卡内容非常丰富，在一定程度上满足了儿童的好奇心理（图1-5）。

游戏本身的内容尺度取决于目标用户的性质。如果游戏包含成人内容，就不适宜儿童体验。开发公司需要遵守游戏分级标准，避免出现危害儿童身心健康的内容。

（2）按地域文化为目标用户分类

目标用户的语言差异在一定程度上也会影响游戏剧情的展开以及玩家的游戏体验。随着全球一体化的趋势，地域性文化差异随之弱化，游戏在对外发行时，通常需把文字转换成官方语言，甚至变更游戏的元素或其他内容。

在一些游戏中，游戏关卡里会出现路标提示来告诉玩家应该去哪，或者需执行什么样的任务，但如果所显示的提示语言为非官方语言，对于其他地域文化的玩家而言就失去了可玩性，所以关卡设计师应尽可能使游戏过程在不需要提示的情况下就可以顺利完成，不需要额外的图示来进行辅助。在实施的过程中部分游戏可通过美术人员的工作来解决语言版本转换的问题。把游戏中出现文字内容的贴图设计成可替换的内容，这样只需要更换美术图片就可以让游戏支持更多的语言了。（图1-6、图1-7）

图 1-5《摩尔庄园》

3. 用户体验决定着游戏关卡设计的成败

游戏关卡的设计为整个游戏提供了可玩性服务，作为游戏的重要组成部分，它承载着连接各个关卡之间剧情点的作用。玩家总是习惯于通过一个关卡之后看一段剧情动画，或者是走完一个迷宫后观看情节继续发展的线索，并且和某些非玩家控制角色对话来推动剧情的发展。与玩家习惯有所区别的是：一类游戏先设计关卡，然后再拼凑剧情，使其成为一个完整的故事，例如大部分的第一人称射击游戏或是动作冒险游戏；而另外一类，则是以剧情为中心，根据剧情的展开设计关卡，例如大部分的角色扮演游戏（图1-8）。

游戏关卡设计师需具有提高游戏的可玩性与可控性的意识，这样设计出的游戏关卡才更具市场竞争力，更有利于游戏产品在市场中的生存和发展。

图 1-6《戳青蛙》英文版

图 1-7《戳青蛙》中文版

图 1-8《暗黑破坏神 3》

4. 游戏关卡设计是一门综合性很强的科学

游戏关卡设计涉及的内容较多，综合性较强，具有交叉学科的基本特性。从事游戏关卡设计除了要有较为系统的专业理论知识和设计基础外，还要涉及多种学科理论，如心理学、文学、社会学、美学等。

游戏关卡设计具有严密的科学性与逻辑性。首先，它要求从市场调查入手，确定目标市场及目标玩家，根据产品定位和用户群体的心理需求拟定游戏关卡设计策略和主题；其次，将关卡设计创意转为功能关卡设计；再次，由功能关卡转化为视觉关卡进行设计制作；最后，进行媒体的选择和发布的效果测定，每一个阶段都需要科学地运用不同领域和门类的知识，才有助于整个游戏的发布与发行（图1-9）。

1.1.2 游戏关卡设计的原则

游戏关卡几乎贯穿了一款游戏的始终，它们在构成游戏本体之余，也决定了玩家体验游戏过程的形式。所以一款优秀的游戏，游戏关卡的设计至关重要，在游戏关卡设计中应遵循以下原则：

1. 增强关卡之间的衔接

玩家在完成关卡的过程中，最直观的体验就是与不同场景的互动。玩家是通过结束一个关卡并开启一个新的关卡来体验游戏的。在游戏的过程中关卡之间的衔接是游戏不同章节的转换过程，也是玩家调整游戏节奏的一个过程。在关卡设计的过程中，应注意利用场景之间切换的节奏与改变场景的氛围来缓解玩家因长时间游戏带来的疲劳感。《魔兽争霸》这款即时战略游戏，在关卡中不仅加入了24小时，以及白天与夜晚的概念，还增加了气候的变化，这种方式可以很好地缓解一款高节奏的即时战略游戏带给玩家的紧张情绪，增加了游戏的丰富性（图1-10）。

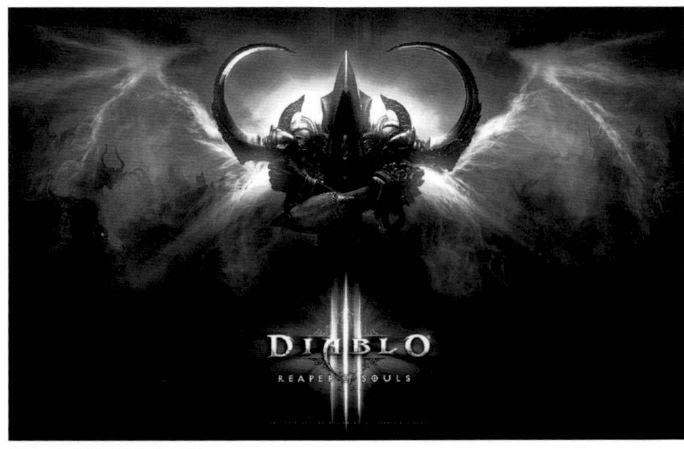

图1-9《暗黑破坏神3》

图1-10《魔兽争霸》

2. 增强游戏本体的叙述能力

优秀的游戏可以通过游戏本身叙述故事，在游戏中大量地出现教科书类型的文字解说，这对任何一个玩家来说都不会产生好感。关卡设计师只有充分调动游戏呈现的三要素——画面、场景、音乐，才能够充分发挥游戏本体所具有的叙述能力。同样，优秀的关卡设计并不完全需要依赖简单的故事叙述，而是应该留给玩家足够的想象空间，让玩家在游戏过程中自己补充剩下的游戏情节。《仙剑奇侠传》系列游戏就是通过游戏本体很好地叙述了一个冗长的故事情节的案例（图1-11）。

关卡中涉及故事的叙述主要由三个环节组成：情节叙述环节、声音音效环节、字幕以及对话环节。情节叙述环节包括任务目标和过场动画，游戏内容与玩家的互动，通过游戏中场景以及关卡的转换来提示玩家不同的情节内容。声音音效环节包括背景音乐、音乐特效等内容，声音的特殊性具有心理场的效应，声音自身也存在一定的叙事能力，在不同的场景下配合不同的音效和画面能更有效地传递游戏所要表达的情节，如在阴暗的黑森林场景下播放欢快的曲调会让玩家感受到需寻找某个打破这种压抑状态的媒介。字幕以及对话环节对游戏情节的发展是一个很好的补充。

在游戏叙述的过程中也可以增加部分空白叙事环节让玩家自主地调节情绪，如《古墓丽影》游戏中经常出现的开门动作（图1-12）。

3. 正确的游戏教学引导

导航式与教学引导式的玩法可以提高游戏的趣味性，在适当的时候可以将特定的游戏边界隐藏起来，导航结束时显现边界，会带给玩家带来亲近感。同时隐藏部分区域可以增加关卡深度使玩家多次探索与尝试，从而增加关卡的丰富性，增强体验感。如《英雄无敌6》的教学关卡就是一个很好的例子（图1-13）。

优秀关卡设计可以使玩家明确要完成的任务，并通过自我的探索，完成关卡任务；玩家能通过关卡中的提示，了解角色的特点；同时还要求有足够的成长空间和自由度以及关卡任务的选择性。

《暗黑破坏神》就是一个典型的例子，游戏并未告诉玩家要杀死关卡中所有的怪物，但在关卡设计中有的怪物被玩家杀死后会出现特殊的装备，从而诱导玩家去杀死所有的怪物，并且在杀死怪物的过程中可以使用多种技能，给玩家提供了足够的控制空间，使玩家在游戏的过程中感受到关卡所带来的乐趣（图1-14）。

图1-11《仙剑奇侠传》

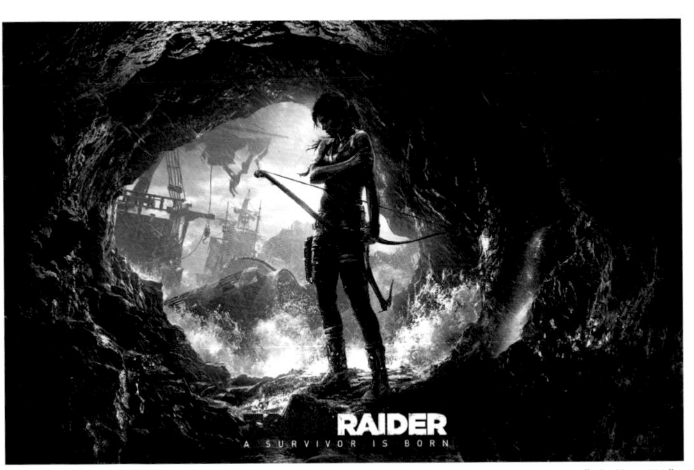

图1-12《古墓丽影》

4. 增加关卡的驻留时间

重复性的工作往往令人无法忍受，游戏更是如此。优秀的关卡设计应该不断更新游戏机制或者调整旧机制，使玩家重新评估自己已经掌握的技能。关卡设计师应该让玩家在整个游戏中持续评估自己所学到的技能，确保每个关卡都能呈现新鲜玩法，并且玩家可以通过重复利用已经完成的关卡，获取新的技能。如《鬼泣 4》中的血宫模式，玩家通过重复挑战怪物，获取额外物品或经验值，其中共有100个级别，只是怪物血量有所增加（图1-15）。很多玩家为挑战这种模式乐此不疲，这样的关卡设计就大幅度地增加了玩家在游戏中的驻留时间。

5. 支线任务的设置

支线任务是指对一个关卡中主线任务的扩充，主线任务在完成的过程中因为逻辑较为严密使玩家的游戏体验较为枯燥，所以在关卡设计中加入适当的支线任务（包括隐藏任务）可以增加玩家探索游戏的乐趣。

DOTA 2这款游戏的关卡都由简单的双方对垒的游戏方式组成，其目标就是摧毁对方的主基地，在整个关卡中玩家可以通过消灭野外怪物这一支线任务来获取等级经验和特殊的游戏技能。作为游戏关卡设计的支线任务，这样的支线关卡设计可以增加游戏的趣味性与丰富度，减少玩家在简单对战模式下的疲劳。（图1-16）

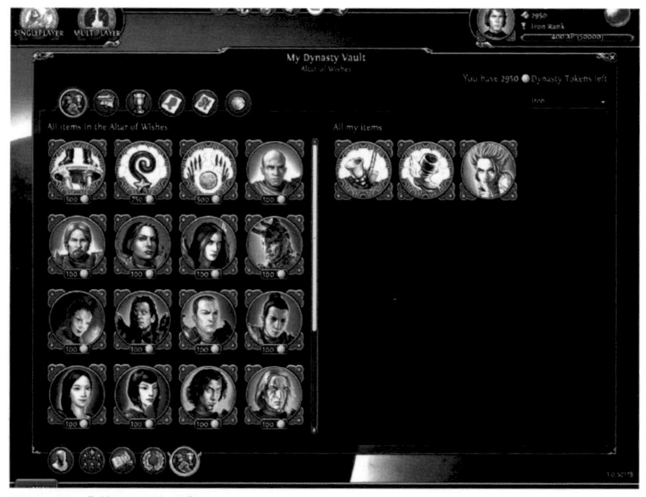

图 1-13《英雄无敌 6》

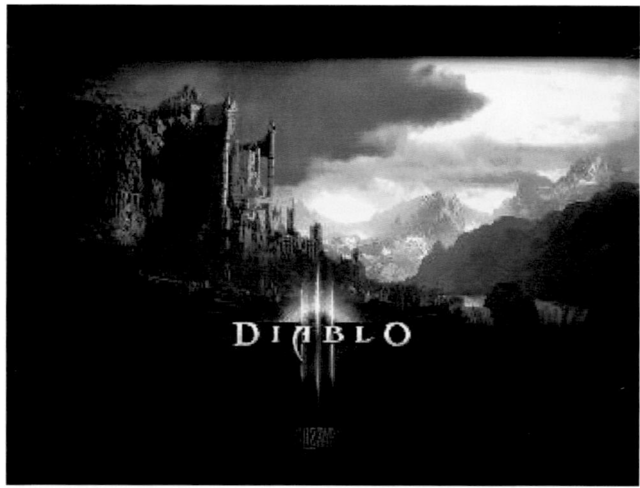

图 1-14《暗黑破坏神》

图 1-15《鬼泣 4》

图 1-16 DOTA 2

6. 增强游戏的代入感

写实处理手法是增强游戏代入感最直接的途径，游戏的代入感由多种因素组成，画面、声音、情节都起着至关重要的作用。精美的过场动画、离奇的故事情节、旋律优美的背景音乐都能够增加游戏的代入感。

不同类型的游戏增加代入感的方式有所不同，最直接的方法是使玩家产生共鸣。共鸣具有多个层次，最简单的共鸣就是使玩家产生愉悦的感受，创造力与破坏力、爱与被爱、性唤醒等多种人类基本欲望的施展最易使玩家产生愉悦情绪。玩家的创造力与暴力发泄就是一个很好的增加游戏代入感的方式，创造力与暴力最直接的体现方式就是用粗暴的方式摧毁物品，摧毁得越快，碎裂的程度越高，玩家就越有"爽"的快感。使用原始欲望增加游戏代入感是直接但是并非高明的方式。人的两面性决定，如果能唤醒人类更高层次的共鸣诸如"超我"的实现会大幅度增加玩家的游戏时间。用收集战利品、收获荣誉等来增加玩家"自我价值"与"社会价值"，更能使玩家在游戏体验的过程中达到更高层次心理上的满足。诸多竞技类游戏经常举办世界联赛就是从侧面增加玩家的心理满足感。

7. 符合游戏引擎基本规范

不同的游戏引擎承载不同的游戏类型以及游戏的内容、数量和质量。了解游戏引擎的特性是关卡设计的前提，任何一款游戏可利用的资源都是有限的，无论是硬件条件（如系统内存）还是产品内容（如游戏容量）。避免过多的资源浪费，最大化、最合理化使用游戏资源是关卡设计师的职责，优秀的关卡设计师不仅会设计单一的游戏关卡，还会通过设计一系列模块，将各关卡进行组合变形，达到资源利用的最大化。参考《上古卷轴》这类大量任务模式的游戏，关卡设计师利用这种技术制作关卡，一方面可增强玩家对游戏的熟悉感，有助于玩家学习和掌握游戏机制；另一方面丰富了关卡内容，使关卡具有挑战性和可玩性（图1-17）。

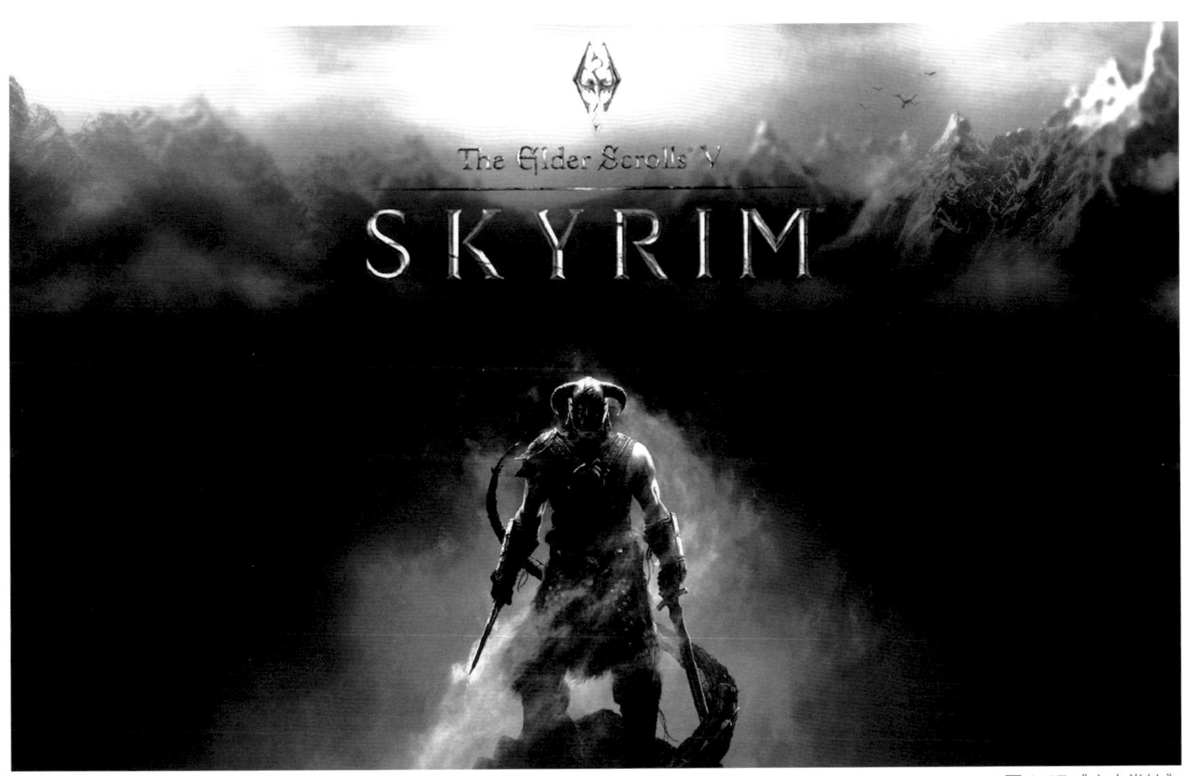

图 1-17《上古卷轴》

1.1.3 游戏关卡设计的使命

1. 控制游戏节奏

游戏节奏的控制是关卡设计的重要环节，合理的节奏可以增加玩家游戏的乐趣。情节以及道具的正确安排可以很好地控制游戏的难度，从而使一款游戏获得较好的口碑。关卡设计师可以通过调用情节、氛围、道具、任务、敌人等多种手段来控制游戏的节奏。例如《寂静岭》系列游戏，游戏情节模仿电影叙事的方式展开，让玩家在压抑和恐怖的气氛下进入剧情，深入主角的内心世界，并随着剧情的发展获得身临其境的感受（图1-18）。

图 1-18《寂静岭》

图 1-19《乱斗西游》

例如国产手机游戏《乱斗西游》就是利用不同类型关卡带来的不同程度的刺激和紧张感，将整个单人模式（即闯关模式）的节奏感把控得张弛有度，给玩家带来不同的游戏体验。图1-19中有六个关卡类型供玩家选择，分别为“守护花果山”、“首探奈何桥”（MOBA对抗型）、“忘川渡红尘”（地图探索型）、“摄魂无所知”（纯砍杀型）、“初至五行山”（MOBA对抗型）以及“禺狨魔血咒”（BOSS战）。

从“章”的角度划分整个游戏，将不同类型的关卡组合在一起形成章节，还可以随时进行关卡的切换，这种不同的排列方式给玩家提供了跳跃式的游戏感受，缓解了玩家在游戏中的疲劳感。

带有战争迷雾类关卡的《暗黑破坏神 3》在一定程度上减少了玩家的心理负担。当玩家进行游戏体验时，虽然地图已经被探索，但只有玩家周围的怪物才能被显示出来，以玩家为中心的屏幕范围之外的地图区域会变为静止状态，在静止状态中的地图动态细节、特效、怪物会消失，呈现出“死寂”的状态。这种处理地图的手法可以使玩家有效地控制游戏节奏，使一个激烈的战斗类游戏有很多宁静的空间（图1-20）。

2. 激励目标玩家

游戏玩家体验游戏的过程，可以看作是一个从满足基本生产需求到满足心理需求的过程。游戏玩家需求的产生是受到某种刺激的反应，而游戏玩家选择游戏的行为是由玩家受到外界刺激后产生的选择动机来支配的。

图 1-20《暗黑破坏神 3》

玩家在游戏体验的过程中，不断地受到鼓励并且被提示有更高的目标时，就会进入较深层次的追逐状态。不断地将心理需求转化为生产需求就可以不断地激励目标玩家继续游戏。适度的转化可以使玩家在获得游戏快感的同时感受成就的幸福，而过度的转化会使玩家感受到游戏就是在不断地制造陷阱，从而放弃游戏。

游戏关卡的一个功能是引起玩家的注意和持续保持玩家的兴趣，使玩家在游戏中投入更多的时间，并通过游戏注意到游戏内部具体的商品和服务，使游戏中的商品和服务成为玩家的购买目标，形成新的购买行为，以此诱导玩家产生新的消费需求，如此循环。

3. 吸引更多的游戏玩家

能够吸引大量玩家的游戏才是一款成功的游戏，游戏的传播速度决定着一款游戏的成功与失败。关卡作为游戏的最终载体承担着传播的功能。游戏要具有广泛的传播性应具有的基本特点包括：游戏亮点单纯、游戏机制明确、画面风格准确。具备这三个特点的游戏的共同特性是：玩家通过对一款游戏或者一个关卡进行简单的语言沟通就可了解游戏的机制，就能够迅速做出判断，这更有利于游戏的传播。《植物大战僵尸》就是这一典型案例。

4. 促使玩家形成游戏网络

游戏与图书、电影这些自行发展故事剧情的载体不同，参与者与游戏存在相互作用的关系。游戏关卡的设计应促使游戏具有传播力，使玩家形成一个相互连通的网络从而吸引更多的玩家加入，同时游戏社交网中有相应的机制使先加入游戏的玩家可以拥有更多的优惠条件。只有具有稳定的游戏社交网络才能保障一款游戏保持旺盛的生命力。如《部落冲突》就是一款完全利用游戏社交网络而得到快速传播的游戏（图1-22）。

游戏关卡设计作为游戏的载体，其目的是使玩家在游戏上投入更多的时间与精力。能否吸引玩家注意，使其进入游戏并沉浸游戏世界的时间长短，一方面取决于游戏关卡的剧情设计是否足够丰满、主线任务与支线任务的安排是否合理；另一方面，画面的精美度和趣味性，游戏机制的完善度以及操作感、代入感、玩家的成就感也决定了玩家是否愿意在游戏上投入更多的时间。

图 1-21《植物大战僵尸》

图 1-22《部落冲突》

1.2 游戏关卡设计的构成要素

游戏的抽象内容，如氛围、节奏等，最终要落实到关卡中，这就是关卡地图的设置。如树木的排列，道具合理的使用与摆放，敌人出现的概率与层次、行动的机制，以及关卡灯光效果的转换与场景的变更等，这一切都是在关卡地图中综合呈现的。关卡地图的基本构成要素有:

1.2.1 边界

边界是关卡必要的组成部分。关卡中，边界有一定的范围限定，一个没有范围的无限关卡对于游戏没有任何意义，游戏中边界存在的方式可为物理地图边界，如悬崖等（图1-23、图1-24）；也可为任务边界，即要求玩家走到某地执行特殊命令后，即可完成任务，而剩余的空间对玩家而言就没有存在的直接意义，这样就达到了设置任务边界的目的。通常情况下，游戏中的关卡是独立而又相互联系的，只有完成了关卡限定的任务才能进入下一关卡，但特殊情况下部分边界可作为关卡之间相连的纽带，通常会有提示性的建筑出现，例如路标、断桥、传送门等。

1.2.2 大小

游戏关卡的大小是关卡内容多少的直接指标。每个关卡的设定都有大小区别。一个游戏关卡的大小与玩家完成关卡所需要的时间有着直接的关系，主线任务越长关卡越大，反之亦然。关卡的大小，不仅仅指玩家眼中关卡的大小和复杂程度，更主要的是指实际文件大小，如地图文件的大小，模型文件以及材质文件的大小等。关卡设计师在设计关卡时必须充分考虑各类文件的大小，避免为游戏引擎增添不必要的负担。关卡的扩充可以使用多个小关卡拼接的方式实现，拼接的方法可以是用一扇门转入下一个小关卡，如《生化危机》（图1-25）；也可以是路的尽头，如《轩辕剑》（图1-26）。目前大多数游戏都采用拼接的方式来实现大型关卡或者巨型关卡。

1.2.3 地形

地形是关卡最重要的构成要素。地形是指室内或者室外的建筑及地貌的总和，是游戏场景的高低层次。关卡设计的本质是对空间的规划与分割，除了基本的地形地貌、室内室外、灯光与氛围效果外，还包括不同的空间划分对玩家心理造成的影响。在游戏中不断切换地形会延长玩家的心理时间，长时间不切换地形会使玩家感到疲劳，过度切换则会使玩家焦虑，失去存在感，因此游戏中要合理地切换地形。（图1-27）

图 1-23《星界边境》游戏边界

图 1-24《神魔大陆》游戏边界

图 1-25 《生化危机》

图 1-26《轩辕剑》

图 1-27《星际争霸》

图 1-28 游戏目标布告栏

图 1-29 游戏目标地图告示栏

图 1-30《超级马里奥》

1.2.4 目标

目标在游戏关卡中作为衡量游戏进度的标尺，是关卡设计的核心。一个关卡中，主目标作为关卡设计的基础，即希望玩家通过此关卡而达成任务。除主目标外，为丰富游戏的内容以及情节，关卡设计师通常采取设置子目标的方式对主目标进行扩展。主目标本身也可通过多个子目标之间的串联或并联共同组成。所以，关卡目标的设置应该明确简单，毫不含糊。可重复利用的关卡可以增加玩家的游戏时间，但同时会使玩家感到疲劳，适当增加目标的复杂度与重复度可以很好地调节游戏节奏。增加子目标的典型案例是角色扮演游戏，如图1-28的游戏中玩家需要从药剂师那里拿到仙灵草，然后去魔法师那里找孔雀羽毛、去术士那里搜集仙丹，再回到药剂师这里完成药物的合并或者换取新的装备，如图1-29的游戏中需要玩家到指定告示栏领取任务。

1.2.5 情节

情节和关卡之间的关系可以多种多样。两者之间不需要强制性关联，早期的游戏《超级马里奥》每一大关的情节是相同的，都是将公主抢走，一共8个大关，后面的关卡情节重复着前面的情节，但关卡内容完全不同，游戏难度也在逐渐增加（图1-30）。角色扮演游戏更注重游戏情节与关卡的关系，经常使用章节的概念规划整个关卡，关卡与情节之间有着必然的联系。大部分游戏是通过过场动画交代游戏故事情节与背景，特别是通过利用过场动画使玩家明确下一个关卡的任务，玩家会在游戏过程中得到相应的提示。

1.2.6 道具

道具是一个游戏关卡不可或缺的组成部分。道具的选择与摆放对游戏情节的发展起着至关重要的作用，道具的使用应该注意与情节发展等游戏因素紧密结合。关卡设计师通过对不同道具的安排和布置调节游戏的平衡与节奏。在游戏情节允许的条件下使用更多的道具可以增加游戏的乐趣，但同时这也为程序部门增加了更多的难度。庞杂的道具系统容易导致系统出错，合成类道具最易出现此类问题。（图1-31）

图 1-31 游戏道具

1.2.7 敌人

同道具一样，各类敌人在关卡中出现的位置、次序、频率、时间，决定了游戏的节奏和玩家体验游戏的直观感受。例如，早期的动作类游戏中，敌人不具备智能行为，其行为通过预先设定，在同样的地点或者在同样的时段出现后执行同样的动作。因为游戏设计师对敌人具有完全的控制能力，通过细心调节，以及设置各类敌人出现的位置、次序、频率、时间等，力求达到最佳的效果，这样的操作形式使老一代游戏具有特殊的挑战性，玩家可以不断地挑战敌人使自己操作的角色达到不死的境界，由此出现了一代的经典游戏，如《魂斗罗》（图1-32）、《超级马里奥》（图1-33）、《松鼠大战》。

图 1-32《魂斗罗》

三维射击游戏问世后，非玩家控制角色的概念得到了发展，人工智能的作用逐渐在关卡中凸显出来。游戏设计师已丧失对关卡中敌人行为的完全控制力，敌人出现的时机和行为，不再是事先设定，而是在一个大的智能行为系统和人工智能的指导下完成，具有自主的变化和灵活性。如何利用有限的控制能力去实现最佳效果，是新一代游戏关卡设计师所面临的难题。针对这一难题，关卡设计师要通过和开发人工智能的程序员合作，使游戏既富于惊奇变化，又具有一定的平衡性。

图 1-33《超级马里奥》

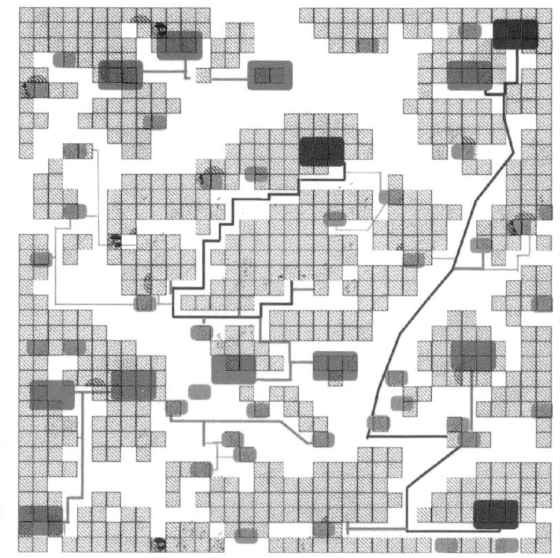

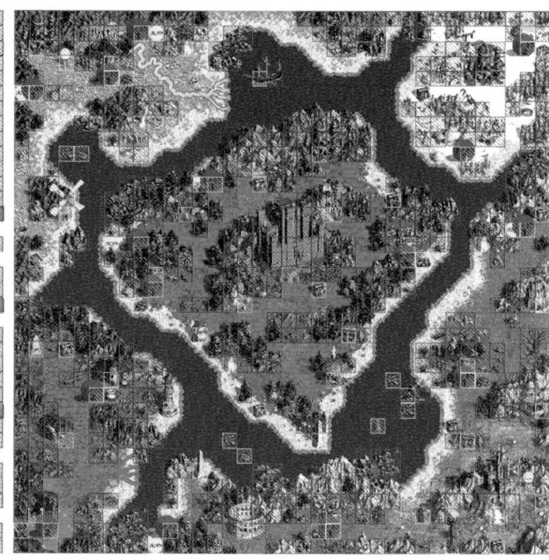

图 1-34《英雄无敌 3》左图为功能关卡，右图为对应的视觉关卡（蓝色为主线任务，橙色为支线任务，粉色为附加任务）

1.3 游戏关卡设计在游戏制作中的价值

游戏关卡设计是将各种设计元素最终融合为游戏的重要过程。它承载了游戏世界观、系统设计、玩法规划、数值平衡、游戏节奏、游戏画面等多方面的任务。

游戏的可玩性和玩家的投入度是检验关卡设计成功与否的唯一标准，一款游戏想要成功，关卡设计在其中的作用是不容忽视的。当游戏世界观建立起来，功能关卡的任务设置由策划基本完成，关卡设计师根据相关关卡的策划，制作出功能关卡示意图来解释玩家将会经过哪些地方，以及描述各个区域将会发生的事件。这样的操作流程大幅度减少了游戏制作的成本与时间，为游戏的前期沟通提供了有力的保障。

通过功能关卡的演示与可行性探索讨论后，由关卡设计师完成整个视觉关卡的编辑，从而产生游戏所需要的游戏地图。地图测试合格后开始进行整个游戏的视觉关卡设计，视觉关卡设计通常由关卡设计师、程序员、美术人员共同完成，将功能关卡转换为视觉关卡后，对地图局部区域进行修改或者增加新的资源，最终达到游戏关卡功能与审美两者的统一（图1-34、图1-35）。

关卡设计可以理解为一个游戏的缩影，关卡设计在不用投入大量人力物力的基础上完成一款游戏的策划与开发，关卡设计在整个游戏设计流程中起着非常重要的作用，为后期大规模开发提供了有力的实践论证。

图 1-35《英雄无敌 3》关卡最终展示图

1.4 游戏关卡设计的发展趋势

游戏关卡设计的进步与计算机硬件的发展密不可分，每一次计算机硬件技术的提升，相应的游戏关卡设计内容也会变得更为丰富。同样，游戏关卡的形式也依附于硬件技术的发展，硬件技术的发展使游戏的形式变得更为多样。

在20世纪80年代的8位机（任天堂红白机）时代，数字硬件的发展较为缓慢，游戏关卡多为硬件编写，其运算速度受到了极大的限制。这一时期的游戏关卡多为“固定关卡”。这类关卡的特点是游戏内容固定化、程序化、复杂度低，如敌人没有任何智能，会在固定的时间和固定的地点出现，出现后会完成固定的动作。例如《魂斗罗》、《沙罗曼蛇》（图1-36）、《超级马里奥》。

随着硬件技术的不断进步与发展和PC时代的到来，以及软件程序的普及，游戏的开发方式也转变为软件编程，在这样的时代背景下，游戏运行速度与PC硬件发展速度之间的关系变得极为密切，硬件运算速度越快，在同等时间内可运行的程序命令也越多，游戏的关卡内容也就越丰富。

PC时代，游戏的内容与形式都呈井喷式增长，其中画面的精致度与关卡边界的扩展最具有代表性。1990年游戏的画面以像素为主；2000年后三维游戏有了长足的发展；到了2005年，游戏画面基本可以达到真实世界的还原；2010年后，游戏的画面可以达到电影的画面效果，这也为游戏关卡设计的丰富奠定了坚实的基础。

游戏关卡的边界随着画面进步的同时也在不断扩大，从一个关卡到下一个关卡需要预读很长时间，如《最终幻想 8》（图1-37）关卡与关卡之间只是为了简单地区分情节、《孤岛危机3》（图1-38）每一关卡之间的预读时间较长，直到现在有些游戏已经没有地图边界的概念，角色走到任何地方，都能够自动生成随机地图。

游戏关卡的基本内容由固定的地图转变为随机生成的地图；敌人的数量从单个个体发展至群体甚至集团；由前期的简单固定的任务转为可变性任务；由一个关卡一个任务变为一个关卡一个主任务与无数个子任务交叠，并且含有隐藏任务。在关卡设计的升级中，通过不同的任务，可以重复利用同样的场景和怪物，任务并不具有明确的开始与结束点，游戏的目标和关卡的挑战变得更为灵活。在如今的游戏关卡中，出现了超越任务的系统活动，这类系统活动可能是由多个任务组合，并通过各种形式最终让玩家产生体验游戏的动力，沉溺游戏并获得奖励。

人工智能的出现推动了游戏关卡设计的发展，使游戏关卡设计发生了质的飞越，关卡设计师也赢来了史上最大的挑战。具体表现为：关卡目标由单一的目标向多目标转化，敌人的行为由预设行为转化为智能行为。如在《使命召唤 8：现代战争 3》这款游戏中，如果玩家提升了敌人的智能，敌人会根据玩家的武器与装备及血量自动调整自己的运动方式和攻击方式，甚至会出现从玩家身后包抄的行为（图1-39）。

在人工智能系统下，关卡设计师不能完全操控电脑角色的行走，从而导致更多的意外在一个关卡中出现。比如关卡设计师误判电脑角色的智力，结果导致整个关卡中所有的电脑角色相比人为操作的角色更加灵活和机动，使玩家产生极强的挫败感，使游戏关卡无法顺利进行。在不久的将来，人工智能的发展可能会使游戏方式发生彻底改变。

计算机以及生物感知技术的发展，使游戏与玩家的交互越来越密切，重力感应、方位感应、角度感知、心跳检测等技术的完善使游戏关卡设计变得更为复杂，未来的游戏关卡不仅会注重视觉感与操作感的设计，还会考虑注入气味、情绪等更为复杂的形式。

游戏关卡设计的演变遵循计算机发展的基本规律，即由简单到复杂、由单线到多线、由平面到立体的过程。最初的游戏几乎由一个简单的关卡构成，例如《俄罗斯方块》《乒乓球》等。随后游戏关卡中出现了敌人，例如《小蜜蜂》里的太空虫子；同时还出现了游戏场景关卡，例如《超级马里奥》里的横版关卡地图。

游戏关卡的制作环节也由单人制作转变为多人合作，由关卡设计师独立完成到跨学科、跨领域的多项合作。假设一款未来游戏的案例（休闲类养花游戏）：一朵花从种子开始逐渐发芽，当出现花蕾的时候植物开始散发出淡淡的香味，最终花完全盛开后散发出特殊的香味。玩家在养花时使用不同的肥料，会使花散发出不同的香味，并且可以通过3D打印设备，将这株植物打印成实体。这样一个简单的游戏就包含了电子技术、生物学技术、3D打印技术（图1-40）、生物微电等全新的技术学科。

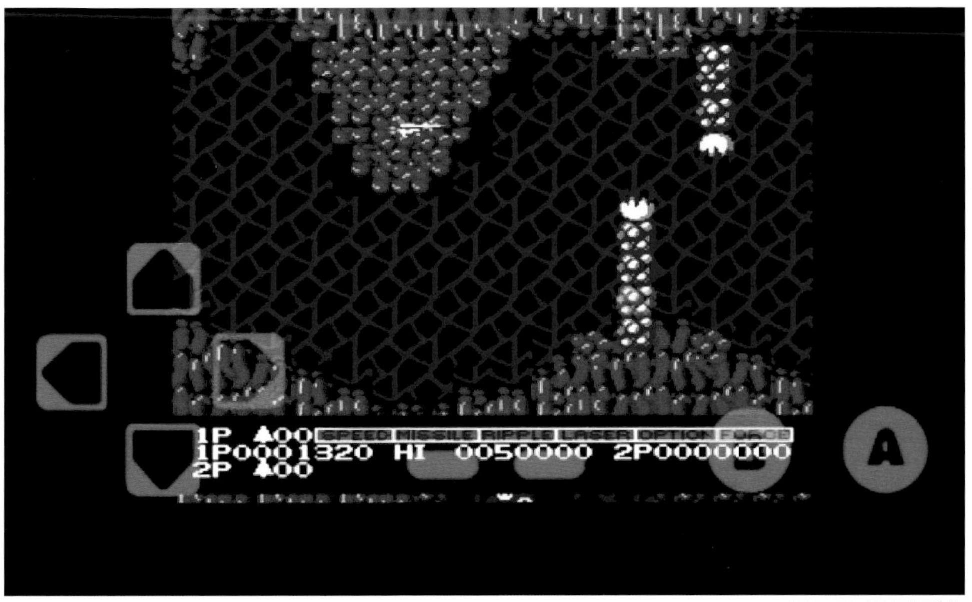

图1-36《沙罗曼蛇》

图1-37《最终幻想8》

图1-38《孤岛危机3》

图 1-39《使命召唤 8：现代战争 3》

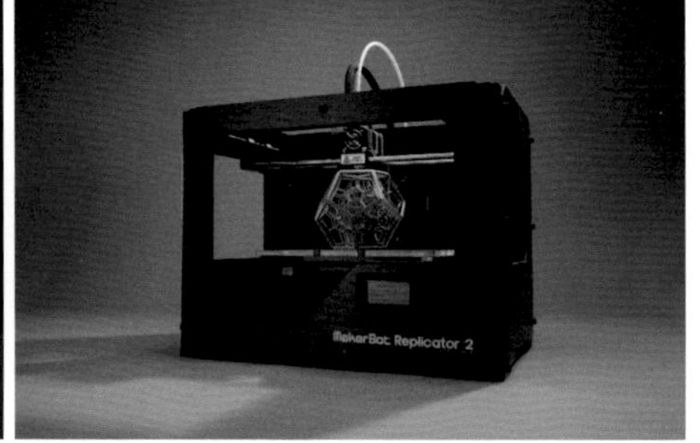

图 1-40 3D 打印设备

教学导引

小结：

本章对游戏关卡设计概论与意义的理论基础进行了论述。通过本章的学习，学生可以对整个游戏关卡设计的历史脉络及关卡设计发展的趋势有一个全面的了解；对游戏关卡设计的原则与游戏关卡设计在游戏中以及在社会中的价值有深入的认识，为游戏关卡设计打下坚实的理论基础；对游戏关卡设计的前期策划进行分析理解，能够把握游戏关卡的设计趋势；依据游戏关卡设计构成要素，建立良好框架学习意识。

课后练习：

1. 梳理一款已经上市的不同版本的RPG（如《最终幻想》系列），对每个版本的变化进行比较分析（剧情设置、关卡形式变化、关卡地图变化等）。

2. 使用本章所学内容，策划一款简单的塔防游戏的闯关部分，并分析所策划的游戏关卡相比同类游戏关卡设计的优势。

第二章
游戏关卡设计的内容

功能关卡

视觉关卡

游戏引擎

重点：

本章着重讲述游戏关卡中的功能关卡和视觉关卡的基本内容，以及游戏引擎的相关基本知识。

通过本章的学习，学生可以切实地了解游戏关卡设计中游戏功能关卡以及游戏视觉关卡的基本知识，并且对游戏引擎的种类及功能有所认识，为后续游戏关卡的设计打下坚实的基础。

难点：

能够熟练地掌握功能关卡；能够充分认识关卡设计中的可行性、趣味性以及挑战性之间的联系；把握游戏引擎中关于游戏引擎的特点与功能。

2.1 功能关卡

作为游戏关卡策划与制作的前期部分，功能关卡的表现形式是以简洁的图形结合图示、图标或文字的介绍，清晰直观地将游戏关卡的内容、关卡与关卡之间的连通方式，以及剧情和关卡节点，设置在一个游戏关卡之内的分布情况。

任何一个游戏关卡都需要玩家根据游戏情节的发展通过关卡中的障碍物或者道具物品，完成相对应的任务，最终完成游戏关卡的体验。但作为关卡设计师要从整体出发策划设计整个游戏关卡。

功能关卡示意图的绘制使游戏策划部门与美术部门能更好地衔接，有利于直接表达游戏的核心玩法以及游戏机制。一个优秀的功能关卡草图可以简单明了地表明关卡设置的目标、游戏的节奏、游戏道具的摆放，以及关卡之间节点的设置等，功能关卡示意图可以大幅度提升游戏策划与制作的效率，在降低游戏生产成本的同时，一个完善的功能关卡设计可以为前期发现游戏问题提供参考，并能够为后期提高游戏的可玩性与趣味性打下坚实的基础（图2-1）。

2.1.1 剧情、氛围的营造和对话

1. 关卡的展开方式

任何游戏的关卡都是从一个特定的剧情开始的。优秀剧情的发展是双向的，一部分依赖于游戏本身策划的内容，另一部分是为满足游戏剧情发展的需要进行的互动。一个游戏的功能关卡设计应展现出玩家在交互的过程中对游戏剧情发展的推进作用，在完成相关关卡任务后所展开的剧情，改变关卡之间结点的具体方位，以及道具的设置与剧情展开之间的意义等信息。

在设置功能关卡的节点中要注意的问题有：

（1）选择叙述故事的方式

游戏叙述故事的方式不同于小说、电影等传统媒体，导致了其有自身特有的叙述方式。

游戏的叙述方式大体可以分为故事开始、玩家互动、闯关成功、完成叙述四个部分。

精简、直接和增加玩家投入度是剧情展开的重要标准。大量的文字叙述会降低游戏玩家的投入度，大量的对白会让玩家产生反感情绪。游戏叙述更应该体现主角的特点，即玩家就是游戏发展的线索，玩家通过与游戏的互动而促成一个结果的产生。在这样的背景下，关卡设计师应该能够充分调动各种资源，在增加玩家投入度的同时减少不必要的重复，能不用过场动画交代的剧情就加入游戏，能够用路标指示的就不用对白，能够使玩家自己想出来答案就不用提示。（图2-2）

（2）剧情的节点设置

节奏的把握是剧情节点设置的必要前提。游戏剧情的设置以游戏发展脉络为依托，在对游戏剧情的节点进行设计时，需与游戏整体剧情发展同步。在这样的背景下关卡设计师应合理调配各个节点的节奏，使各个节点的节奏与整体游戏剧情的进展相统一，使玩家通过对整体游戏剧情发展脉络的了解，减少玩家在体验游戏关卡过程中产生的违和感，这也是关卡设计师设置剧情节点的核心工作。

游戏的节奏最终也会体现在鼠标点击的频率上，游戏关卡的完成是通过玩家点击鼠标或者控制操纵器的次数决定的，点击的频率低表明游戏节奏较为舒缓，点击的频率高表明游戏节奏紧张。合理地调整鼠标点击的密度能够把握好游戏的节奏。（图2-3）

（3）提示性语言的加入（含对白）

精简、合理、适度是关卡设计师设计提示性语言的基本条件。提示性语言在游戏中呈现的方式多种多样，例如玩家之间的对话，非玩家控制角色的提示语，或路标提示对白等。提示性语言的加入在一定程度上会使游戏缺乏一定的未知性，干扰玩家在游戏中的体验，降低玩家在游戏中的投入度。优秀的关卡设计师在设计提示性语言时，应该本着游戏主题在提示性语言中得以体现为原则，以减少不必要的资源浪费。（图2-4）

2. 游戏内容扩充

一个游戏关卡相当于一个小的世界，只有单线剧情的游戏会使玩家因长久的操作而感到疲劳，游戏内容的扩充是游戏关卡设计必须考虑的问题。关卡设计师在进行游戏关卡设计时，不仅要考虑玩家在闯关时必须经历什么，玩家可以自主选择的经历是什么，同时还应考虑玩家自主选择的经历与游戏主线产生的直接关系。

最典型的例子就是角色扮演游戏所使用的升级机制，当玩家按照最短途径到达关卡末端时，由于等级的限制使玩家不能顺利通关，此时玩家就会在整个地图关卡中寻找可以提高等级的方式。玩家提高等级的方式是多种多样的，结果却是相同的。这是最简单的扩充游戏内容的方式，但绝不是最好的方式。（图2-5）

内容的扩充包含场景的转换或者氛围的变化。场景转换的方式可以通过使用支线任务的方式完成，即在关卡设计中通过对支线任务的设计来达到增加游戏内容扩充的目的；场景氛围的变化影响着玩家心理时间的变化，如一个关卡具有四个季节并且有相应的游戏机制配合季节的变化，玩家会在心理上延长关卡体验的时间，通过一个关卡就会产生通过了很多关卡的感受，这种场景的氛围变化对玩家心理的催化作用是一种很有效的扩充游戏内容的方式。

《魔兽世界》副本关卡的增加就是一个极佳的游戏内容扩充的例子。（图2-6）

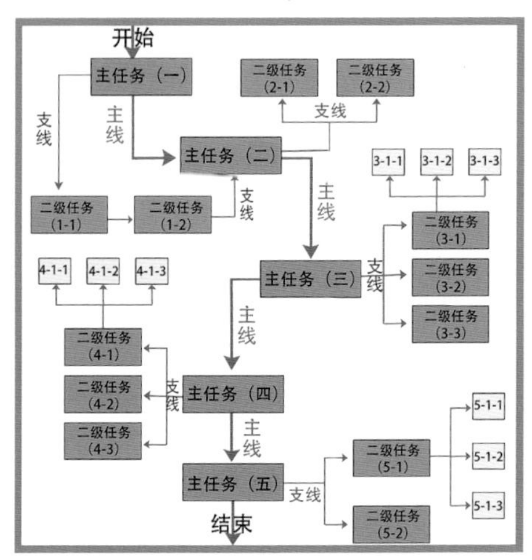

图 2-1《无敌英雄》（功能关卡示意图）

图 2-2《激战 2》

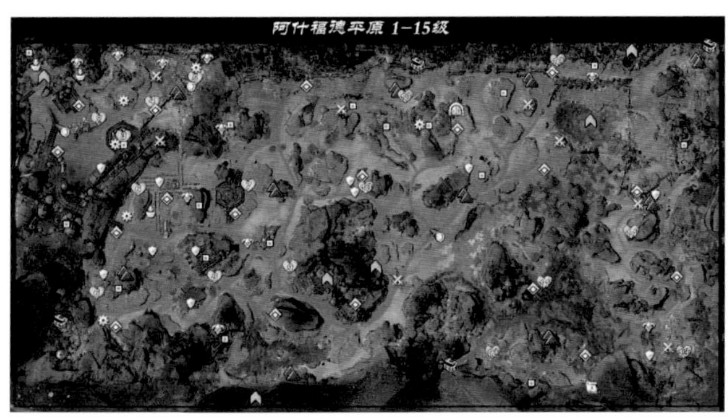

图 2-3《激战 2》

图 2-4《激战 2》

图 2-5《奇迹》

图 2-6《魔兽世界》

2.1.2 游戏系统

游戏系统作为游戏关卡设计的核心，是一款游戏是否成功的重要因素。游戏系统的建立是由一个或者多个游戏机制共同作用而成的。但游戏机制不是一个关卡，一个关卡中可以有多个游戏机制。在《丢手绢》这类传统儿童游戏中，丢手绢并且发现手绢这个过程是一个游戏机制，发现手绢后去追丢下手绢的人是另外一个游戏机制，这两个游戏机制共同组成了《丢手绢》这个游戏系统。从丢手绢到抓住丢手绢的人整个过程可以看作一个游戏关卡，下一个人开始继续重复上一阶段的内容又是另一个全新的关卡。（图2-7）

任何一款优秀的游戏，其系统都是由多个游戏机制通过一定的方式组合而成。关卡设计即是将多个游戏机制有机地组合起来形成一个高效的游戏系统，不同的游戏机制能够使玩家在体验游戏的过程中感受到不同的乐趣。《机械迷城》游戏里加入了打飞机通关后即可得到提示的方式，很好地缓解了玩家无法过关时产生的焦虑感（图2-8）。不同的游戏机制会激起玩家不同的兴趣，某些游戏机制也会使玩家失去游戏乐趣，如在一款空战游戏中加入一道数学题，解出题目的答案才可以放出炸弹，这样的机制就会严重影响整个游戏关卡的流畅度，会使玩家产生反感情绪，从而放弃游戏。

图 2-7《丢手绢》游戏

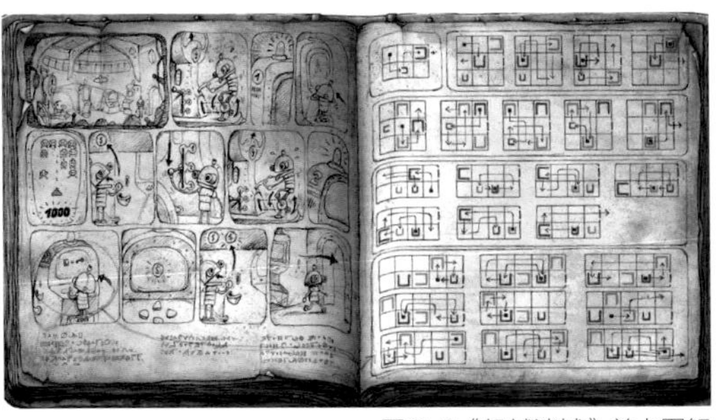

图 2-8《机械迷城》关卡图解

2.2 视觉关卡

如果将功能关卡比喻为人的灵魂和骨架，那么视觉关卡就是人的血肉。视觉关卡呈现出的内容就是游戏最终所表现出来的内容，玩家对视觉关卡的直观感受反映出功能关卡的精良程度。视觉关卡是功能关卡的物化形式，功能关卡是视觉关卡的灵魂。

2.2.1 视觉关卡的构成元素

游戏关卡中视觉关卡部分由以下元素构成（以《魔兽世界》为例）：

1. 场景

氛围、地形、建筑、植物、光效。（图2-9）

2. 角色

主角、非玩家控制角色、哺乳动物（宠物）。（图2-10）

3. 道具

游戏中的道具大致可分为三类：消耗品（图2-11）、装备品（图2-12）和任务品（图2-13）。

（1）消耗品

消耗品包括食物、药品、打造原料、合成原料、暗器、摄妖香、飞行符、宠物口粮等。其中摄妖香、飞行符、宠物口粮和部分食物、药品可以在物品栏里叠加，其他物品不能叠加。飞行符和摄妖香是江湖人士的常用之物，有了它们在江湖上行走会更加方便。（图2-14）

图 2-9《魔兽世界》场景

图 2-10《魔兽世界》人物模型

图 2-11《魔兽世界》药草 消耗品

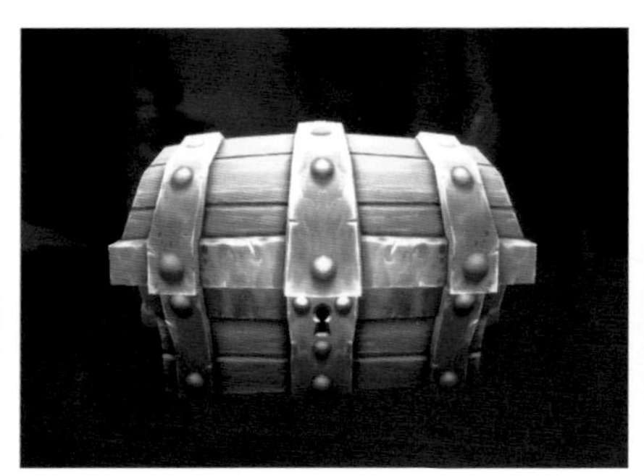

图 2-12《魔兽世界》容器 装备品

图 2-13《魔兽世界》任务品

（2）装备品

装备品包括武器、头盔、铠甲、腰带、靴子、饰物。初级的装备品可以在商店中购买，高级装备品需要通过打造才能得到。一些装备品受性别、等级和角色特有的限制，可以对使用过的装备进行修复。（图2-15）

（3）任务品

任务品包括剧情道具、帮派商品、书信、镖银、情报簿、通缉榜等，其中剧情道具是用于完成剧情任务的，不能交易。物品丢弃后出现在当前视野内的场景中，可以被拾取。系统会定时进行刷新，刷新后地面上未被拾取的丢弃物品将会消失。（图2-16）

视觉关卡通常由场景的分布、关卡节点的穿插，以及物品之间的摆放等构成。一个优秀的视觉关卡，在功能上有能够完全满足功能关卡的作用，在视觉表现力上可以通过合理的布局以及考究的物件摆放来体现视觉关卡设计师的审美情趣。

视觉关卡设计最重要的功能是满足策划与功能关卡的需求。优秀的视觉关卡不仅可通过可视化方式表现功能关卡的构成要素，同时还便于玩家进行游戏体验。视觉关卡不但可以使玩家直观地体验游戏中道具的等级、道具的类型等信息，还可使玩家通过寻找物品，感受关卡设计师带来的视觉体验。

优秀的视觉关卡，在达到功能上的基本需求和完善场景道具的摆放后，还能为游戏画面的游戏气氛提供有力的支持，能够使玩家在很短的时间内直接感受到关卡最终的任务目标和即将面临的困难等。

图 2-14《魔兽世界》消耗品

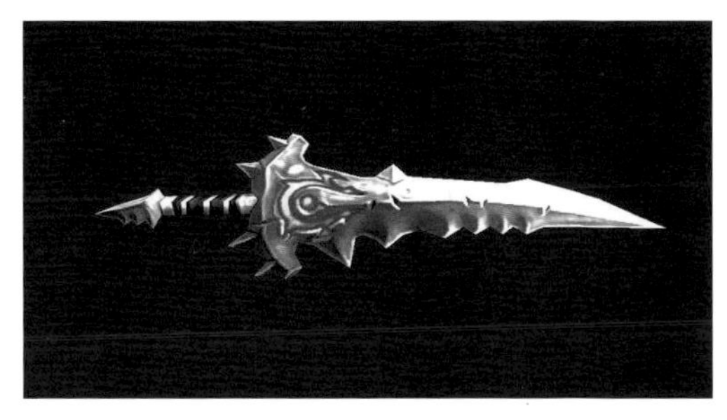

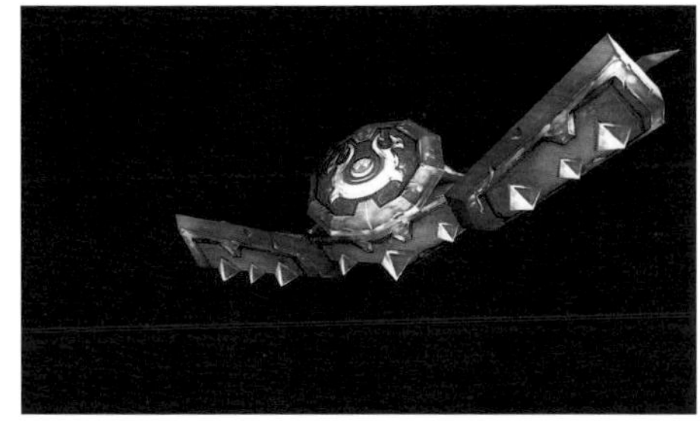

图 2-15《魔兽世界》装备品

图 2-16《魔兽世界》任务品

2.2.2 视觉代入感

游戏的视觉代入感是检验游戏关卡优劣最直接的方法。视觉关卡具有视觉代入感，一款游戏的成败往往取决于第一眼的印象，游戏画面作为企业传递产品和服务信息最常用的方式，能直接有效地把游戏世界观与服务信息传递给玩家，使玩家通过第一印象对游戏产生好感，引发兴趣，刺激需求欲望，最后促成购买行为。

能够产生视觉代入感的游戏画面应具备的特征有：

1. 画面越真实越有视觉代入感

人类对真实画质的渴望从未停止，游戏画面总体也在朝着这个方向发展。游戏画面作为游戏呈现的第一道风景，是玩家接触游戏的第一印象，从黑白单色到真彩色，从像素符号到逼真的三维实体，游戏引擎硬件的发展带来了游戏画面品质的不断提升。现今，次时代游戏引擎使画面的代入感日益加深，人物毫发毕现，动作协调，气氛逼真，这种优质的游戏画面给玩家带来了视觉与交互的双重冲击，玩家无须凭借阅读和联想，直接进入游戏就能真切地体验游戏世界。《孤岛危机》就是这一类型游戏的典范（图2-17）。

图 2-17《孤岛危机》

2. 画面氛围带给人的心理感受越强，越具有视觉代入感

氛围是心理场产生的核心因素。游戏画面的氛围也是烘托整体游戏视觉感受的重要因素，同样也是玩家心理场产生的直接原因。有较好画面氛围的游戏可以使玩家投入的时间更长。

当一款游戏的画面具有很好的代入感时，游戏就成功了一半，这也是视觉关卡设计的核心竞争力，任何一款优秀的游戏如果没有代入感就等于徒劳。《风之旅人》就是视觉代入感极其成功的案例（图2-18）。

图 2-18《风之旅人》

2.3 游戏引擎

2.3.1 游戏引擎的概念

游戏引擎是指一些已编写好的可编辑电脑游戏系统或者一些交互式实时图像应用程序的核心组件。这些系统为游戏设计者提供编写各种游戏所需的工具，其目的在于让游戏设计者能方便快速地做出游戏程序。大部分都支持多种操作系统平台，如Linux、Mac OS X、微软Windows。（图2-19）

图 2-19 UDK 引擎

2.3.2 游戏引擎技术组成

经过不断演化，如今的游戏引擎已经发展为一套由多个子系统共同构成的复杂系统。从建模、动画，到光影、粒子特效；从物理系统、碰撞检测，到文件管理、网络特性，以及专业的编辑工具和插件，几乎涵盖了开发过程中的所有重要环节。从结构上来看，游戏引擎可以分为如图2-20所示的几个部分。

虚线框所包含的就是一个游戏引擎所包含的各个部分，它包括各种子系统、相关工具及支撑模块。

2.3.3 游戏引擎的主要系统

游戏引擎包含渲染引擎（即“渲染器”，含二维图像引擎和三维图像引擎）、物理引擎、碰撞检测系统、音效、脚本引擎、电脑动画、人工智能、网络引擎，以及场景管理。这里仅对影响游戏视觉因素的渲染引擎进行讲解。

1. 二维图像引擎

二维图像引擎主要使用在二维游戏中，是一种不断重复绘制图像，并向外部表达图像的系统。二维图像引擎技术难度低，目前在一些软件（如Flash）中使用简单的脚本语言就可以

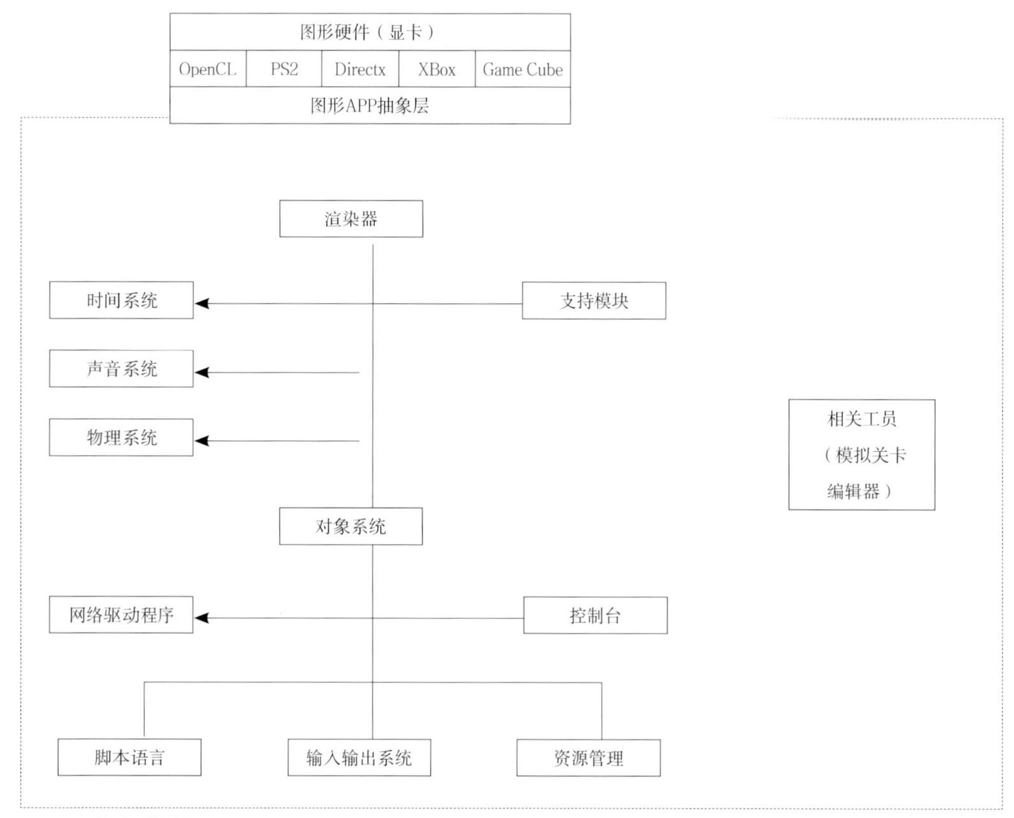

图 2-20 游戏引擎结构图

实现较为复杂的游戏内容与方式。《英雄无敌 3》游戏就是使用二维图像引擎开发并且做得非常极致的一个典范（图2-21）。

2. 三维图像引擎

一些三维图像引擎只包含实时三维渲染能力，不提供其他的游戏开发功能。三维图像引擎具有向下兼容的能力，三维图像引擎一般都支持二维图像渲染，但有些三维图像引擎并未开发出二维引擎模块供关卡设计师使用。纯三维图像引擎需要游戏开发者自行开发所需的游戏功能，或者集成其他现有的游戏组件。这些引擎通常被称为“图像引擎”“渲染引擎”或者“三维引擎”，而非“游戏引擎”。这个术语的定义与界限由于受软件技术发展的影响已经变得模糊，很多特征明显的三维图像引擎被简称为“三维引擎”，但其中已经包含了游戏系统的编程能力。一些典型的三维图像引擎有：Genesis3D、Irrlicht、OGRE、RealmForge、Truevision3D和Vision引擎。现代游戏或图像引擎通常提供场景的图形结构，该结构采用面向对象的方式表示三维游戏世界，方便进行游戏设计和高效地渲染虚拟世界。

图 2-21《英雄无敌 3》

3. 自定义图像引擎

前面说到的游戏引擎技术对于游戏的作用并不仅局限于画面，它还影响游戏的整体风格。当玩家开始对相似的游戏内容和情节感到厌倦时，开发者们不得不从其他方面寻求突破，由此出现了自定义图像引擎。

比较有代表性的第一人称射击游戏有《马克思佩恩》《红色派系》《英雄萨姆》和《海底惊魂》等。

《马克思佩恩》采用MAX-FX引擎，MAX-FX引擎作为第一款支持辐射光影渲染技术（Radiosity Lighting）的引擎，其特点是能完美结合物体表面的所有光源效果，根据物体材质的物理属性及几何特性，准确地计算出每个点的折射率和反射率，让光线以自然的方式传播，为物体营造逼真的光影效果。MAX-FX引擎的另一个特点是所谓的“子弹时间”（Bullet Time），以电影《黑客帝国》的慢动作镜头表现手法为例，子弹发动的时间逐渐减慢，方便玩家做出各式各样的瞄准动作。MAX-FX引擎的问世把游戏的视觉效果推向了一个新的高峰。（图2-22、图2-23）

《红色派系》采用的是Geo-Mod引擎，它是一款具有强大互动能力的游戏引擎，其有可任意改变几何体形状的特点。例如，游戏中玩家可以使用武器破坏任何坚固的物体，或穿墙而过，或炸出沟渠作为防备。Geo-Mod引擎的另一个特点是高超的人工智能，在游戏体验过程中，敌人不仅可以通过视觉和声音做出相应的反应，还能通过玩家遗留在物体上的弹药痕迹对玩家的方位做出分析，时刻保持警觉。（图2-24、图2-25）

图 2-22《马克思佩恩 3》

图 2-23《马克思佩恩 3》

图 2-24《红色派系》

图 2-25《红色派系》

图 2-26《英雄萨姆》

《英雄萨姆》采用的是Serious引擎，这款引擎具有强大的渲染能力，当玩家面对人群或恢宏的场景时，画面仍在延续，整体效果可与虚拟3D相媲美。（图2-26、图2-27）

《海底惊魂》采用的是Krass引擎，这款引擎具有优秀的图像处理能力，被作为NVIDIA GeForce 3的官方指定引擎，专门用于宣传、演示NVIDIA GeForce 3的效果。（图2-28）

图2-27《英雄萨姆》

图2-28《海底惊魂》

2.3.4 主流游戏引擎的功能概述

人类对再现真实世界的渴望必然导致三维游戏引擎的兴起，电脑硬件的大幅进步使现在的游戏引擎都以三维为主。

三维游戏引擎工作的原理是：将部分复杂的图形算法封装在底层模块中，引擎的使用者直接调取图形模块进行工作，使游戏开发人员运用SDK接口就能够方便快捷地使用游戏引擎。SDK接口的使用，可以实现3D游戏常用的功能需求，在三维游戏引擎中一般会内置部分编辑功能，主要包括引擎的场景编辑、模型编辑、动画编辑、粒子编辑等功能，此功能的加入使不懂编程的游戏美术工作人员通过借助引擎中的编辑工具就可以直接进行游戏的编辑工作，大幅度提高了工作效率和工作质量。

任何一款游戏引擎都会提供与引擎相关的第三方软件的接口，如3DS Max、Maya等。网络时代的到来导致三维游戏引擎开发商也开始提供网络管理、数据库、脚本编辑等方面的功能服务。

2.3.5 主流三维游戏引擎的分类

每一款游戏引擎的开发思路与侧重点的不同，使游戏引擎对运行平台的需求也存在较大差异，制作出的游戏也各具特色。目前主流的游戏引擎为CryEngine、Frostbite Engine、Gamebryo游戏引擎、Source游戏引擎和BigWorld游戏引擎。

1. CryEngine

CryEngine由德国Crytek公司研发。CryEngine具有多种绘图、物理和动画的技术，世界游戏业内认为其堪比Unreal游戏引擎。

《孤岛危机》就是采用的Crytek自主开发的CryEngine 2引擎。

CryEngine作为第一人称射击游戏引擎的代表，其物理特效达到的画面效果史无前例，营造出真实世界无法比拟的视觉效果。例如游戏中物体的损坏、玩家拣拾和丢弃系统、物体的重力效应、人或风对周边环境的形变效应、爆炸的冲击波效应以及敌人丰富的AI（Artificial Intelligence 人工智能）等逼真环境体验，带给了玩家前所未有的游戏体验。（图2-29）

《孤岛危机》系列游戏凭借CryEngine强大的图像处理能力，率先支持DX9、DX10、DX11，且拥有更先进的植被渲染系统，突出自然和谐的光源并实时生成柔和阴影，高分辨率、带透视矫正的体积化阴影效果，为玩家还原了一个真实、生动的热带雨林生态系统。此外，在游戏体验时玩家不需要通过暂停来加载附近的地形，地形的变化可通过游戏引擎进行无缝衔接。游戏大量使用像素着色器，例如镜面的反光以及树荫的斑驳或是楼房玻璃的反射等效果都栩栩如生。（图2-30）

CryEngine 的物理模拟技术将游戏场景中的一切事物真实化，树木以及植被通过外力的作用会发生相应的物理变化。玩家在进行游戏体验时，通过破坏周边环境和损坏建筑物以及场景自带物体等来增加游戏的可玩性。

CryEngine 将游戏互动体验提升到一个史无前例的巅峰，创造出了实力性系列游戏《孤岛危机》，通过引入白天和黑夜交替的设计，让玩家们体验到最接近真实世界的场景特效。其游戏场景的真实性已可以与电影效果相媲美，给予真实感的视觉效果技术和物理性模拟的应用，展现了这款游戏引擎的非凡实力。

图 2-29 CryEngine 2

图 2-30《孤岛危机》

2. Frostbite Engine

Frostbite Engine，又称寒霜引擎，起初是为EA DICE（美国艺电数字幻影创新娱乐）的《战地》系列游戏而设计的一款三维游戏引擎。该引擎从2006年起开始研发，经过两年完成。世界第一款使用Frostbite Engine的游戏于2008年问世，寒霜引擎为设计类游戏提供了强大的技术支持，在后续的研发与应用中主要针对军事射击类系列游戏《战地》。（图2-31）

Frostbite Engine的特点是功能全面，耗费系统资源较少，能够有效地利用较少的系统资源、时间、地形、建筑，并能够快速计算出较为优秀的破坏效果（如用手将木箱击碎）。Frostbite Engine起初是为游戏《战地：叛逆连队》专门开发的，其基础特性均迎合了《战地》叛逆连队的特点。由于开放的构架Frostbite Engine有较大的灵活性，在不同游戏的需求下可以通过适当修改引擎以达到最佳的效果。

使用Frostbite Engine打造的《战地：叛逆连队》是一款次世代游戏的代表作品，玩家以小队长的身份带领自己的作战团队展开丰富多彩的冒险生涯。（图2-32）

Frostbite Engine所采用的是Havok物理引擎中的Destruction 3.0系统，应用此系统后使Frostbite Engine在诸多游戏物理引擎的部分达到了世界顶级水平。此系统支持动态破坏效果，即存在于场景中的任何物件都可以通过系统实时演算渲染产生破坏，大幅度增加了游戏玩家破坏性的释放，引擎支持率达到100%，这意味着即使一片树叶也可以被子弹打碎。

Frostbite Engine系列与CryEngine各有特色，不分伯仲。CryEngine更多地支持高分辨率、高细节的表现，同样CryEngine会耗费更多的平台资源，以及降低电脑的运算速度。Frostbite Engine相对于CryEngine对平台的性能要求较低。虽然Frostbite Engine系列在场景画面细节表现上相对CryEngine较低，但在同类引擎中还是独占鳌头，通过场景优化等手段画面效果也可以接近CryEngine。

图 2-31 寒霜引擎

图 2-32《战地：叛逆连队》

3. Gamebryo 游戏引擎

开放构架的Gamebryo是一个灵活且支持跨平台创作的游戏引擎，在创作各式各样的游戏类型中，Gamebryo游戏引擎都可以提供强大、合理的开发工具。例如：角色扮演游戏或第一人称射击类游戏、一款小型休闲游戏或养殖类游戏，无论在PC、Playstation 3、Wii上，还是在Xbox360游戏平台上运行，都可制定和创作出画面感与游戏机制独一无二的游戏，其中《辐射 3》游戏的制作就采用了Gamebryo游戏引擎。（图2-33、图2-34）

Gamebryo游戏引擎设计的核心是适应多种类型游戏的灵活性。在整体构架上Gamebryo游戏引擎使用模块化管理，通过不同种类游戏的需求选择不同的工作模块，或者游戏公司根据自己的需求得到源代码的授权后自主开发新的模块加载在Gamebryo游戏引擎内。模块化最大的优点是利于组合与优化，并且Gamebryo游戏引擎内的程序库允许开发者在不需修改源代码的情况下做最大限度的个性化定制。

动画整合功能是Gamebryo游戏引擎的特色，通过DCC工具导出的动画数值在Gamebryo游戏引擎中几乎可以完全自动处理，大幅度减少了游戏编辑的工作量。Gamebryo的Animation Tool工具可以使用类似于非线性编辑的方式混合各种各样的动画序列，创造出具有行业风格的产品，在强大的动画整合能力的基础上配合Gamebryo游戏引擎的渲染及特技效果功能几乎能创建任何一种风格的游戏。（图2-35）

Gamebryo游戏引擎提供了一套全面的演示程序，便于新版本、新功能的教学。Gamebryo一直以较好的售后服务作为对引擎的强力支持，商品化等级模式的应用可以使每个游戏开发者在使用引擎的过程中得到技术支持，为中小型团队的游戏开发提供了有力的技术保障。（图2-36）

图 2-33 Gamebryo 游戏引擎

图 2-34《辐射 3》

图 2-35 使用 Gamebryo 游戏引擎开发的游戏《源火》

图 2-36 使用 Gamebryo 游戏引擎开发的游戏《穿越火线》

简易的操作方式以及高效的特性，使得Gamebryo游戏引擎在单机游戏上获得了较大的收益，同时在网络游戏开发上的灵活性也显露头角，完善的教学视频与可靠的技术保障使更多的网络游戏开发者加入Gamebryo的队伍。快速的更新使Gamebryo游戏引擎一直保持着较为旺盛的生命力。

4. Source 游戏引擎

Source游戏引擎又称“起源”引擎，是著名的第一人称射击游戏《半条命2》所使用的游戏引擎，由Valve软件公司开发。Source同样是一款次世代游戏引擎。其功能的完整性、程序的兼容性、操作的灵活性使其成为游戏引擎中的佼佼者。Source游戏引擎可以定义为整合引擎。Source游戏引擎可以为开发者提供从物理模拟、画面渲染到服务器管理以及用户界面设计等所有游戏开发需要使用的功能。（图2-37）

Source游戏引擎提供的动画、渲染、声效、抗锯齿、界面、网络、美工创意和物理模拟方面的支持，使游戏的开发兼容性大幅度提高。（图2-38）

Source游戏引擎数码肌肉的应用使游戏中人物的动作神情更为逼真，三维场景的呈现部分的“地图盒子”功能可以让地图外的空间展示为类似于3D制作的效果，而不是传统的平面贴图方式。这样的创新使地图的纵深感得到加强，并且可以使远处的景物展示在玩家面前。Source的物理引擎模拟部分同样基于Havok引擎，与其他游戏引擎做法不同的是，Source对Havok引擎进行了大量的编码改写，在原有编码的基础上增添了游戏交互体验，大幅度减少了系统资源的耗费。（图2-39）

Source的肌肉引擎在每个人物的脸部添加了42块“数码肌肉”来实现情绪表达功能。数码肌肉的使用使嘴唇翕动这样的细节也可以表现得淋漓尽致。由于其语言系统相对独立，在编码文件的辅助下根据人物所说话语的不同，嘴巴的形状也有所不同。Source的肌肉引擎可以让游戏中的人物模拟和表达情感。

图 2-37 Source 游戏引擎

图 2-38《半条命 2》

图 2-39《半条命 2》

5. BigWorld 游戏引擎

单机游戏引擎为现在主流的游戏引擎，这类游戏引擎具有一定的局限性，而BigWorld游戏引擎中 MMO Technology Suite针对其他游戏引擎不能直接对应网络或多人互动的问题制定了一套完整的技术解决方案，这一方案无缝集成了专为快速高效开发MMOG而设计的高性能服务器应用软件、工具集、高级3D客户端和应用编程接口（APIs）。（图2-40）

BigWorld游戏引擎是目前世界上唯一一套完整的服务器客户端。《魔兽世界》（图2-41）为使用BigWorld游戏引擎的代表作品。BigWorld游戏引擎由服务器软件、内容创建工具、3D客户端引擎、服务器端实时管理工具组成，其组成形式使游戏产品的制作更加便捷，在研发时期避免了不必要的风险。

BigWorld游戏引擎作为一款网游代表类型的游戏引擎，其主要的特点是以网游的服务端以及客户端之间的性能平衡为重心。

BigWorld游戏引擎构架完整，灵活性强，玩家在游戏体验的过程中，服务器端的系统会根据玩家的不同需求，在不影响玩家完成任务的情况下重新动态分配各个服务器单元的作业负载流程，避免了游戏的停顿。（图2-42）

游戏场景空间内的构建可通过游戏引擎中的搭建工具快速实现世界的编辑、模型的编辑以及粒子的编辑，可以在减少重复操作的情况下有效地创建出高品质的游戏空间环境。

在传统BigWorld游戏引擎的基础上更新为BigWorld2.0，其在服务器端、客户端以及编辑器等的性能上都有显著的提升。在原有服务器端上增加支持64位操作系统，以及和更多的第三方软件进行整合，在增强了动态负载均衡和容错技术的同时增强了服务器的稳定性，客户端内嵌WEB浏览器，游戏中任意显示网页等技术，使用户群体能够更加便捷地使用核心功能。在编辑器方面则增加了强化景深、加强局部对比、支持颜色/色调映射、非真实效果、卡通风格边缘、马赛克、发光的效果、夜视模拟等一系列特效的表现。

图 2-40 BigWorld 游戏引擎

图 2-41《魔兽世界》

图 2-42《猎国》

6. Unity 游戏引擎

Unity游戏引擎是由Unity Technologies开发的一款多平台的综合型游戏开发工具，是一个全面整合的专业性游戏引擎。Unity游戏引擎可以让玩家轻松创建诸如三维视频游戏、建筑可视化、实时三维动画等类型互动内容。早在 2012年Unity游戏引擎的全球用户已经超过150万，如今全新版本的Unity游戏引擎已经能够支持包括MAC OS X、Android、iOS、Windows在内的多个平台发布。Unity游戏引擎的主要功能包括综合编辑器和对OpenGL ES 2.0的高度优化，其中综合编辑器支持单一项目的多平台兼容，平台之间的转化采用一键式操作，开发者可以方便地将iOS游戏移植到Android平台，非常方便快捷。（图2-43）

Unity游戏引擎还拥有DirectX和OpenGL高度优化的图形渲染管道，实时三维图形混合音频流、视频流，支持JavaScript、C#、Boo三种脚本语言等优势。加之以综合编辑器的优势资源，玩家可以通过Unity游戏引擎简单的用户界面完成相关操作，这些都为玩家节省了大量的时间。

图 2-43 Unity 游戏引擎

《神庙逃亡 2》就是一款典型的运用Unity游戏引擎开发的跑酷类游戏。该游戏放弃了原本的3D引擎，转向使用更强大的Unity游戏引擎。该游戏充分发挥了Unity游戏引擎着色器系统易用性、灵活性和高性能，以及对DirectX和OpenGL拥有高度优化的图形渲染管道的优势。与《神庙逃亡 1》相比，《神庙逃亡 2》不仅画面的质量有明显提高，而且在色彩的渲染上也有很大进步，着重表现在人物的刻画和场景的细腻程度上，其细腻程度基本上代表了跑酷游戏的较高水平。画面着色明显鲜亮了许多，玩家能够清晰地看到画面中的各个角落。总的来说，游戏画面得到了全方位的升级，使玩家得到较好的游戏体验。

《神庙逃亡 2》中还运用了Unity内置NVIDIA PhysX 物理引擎，在游戏物理特效处理方面有卓越的贡献，带给玩家完美的互动体验。例如游戏中跑酷机器人翻过古庙围墙，爬上悬崖峭壁、滑索和轨道，挥击转弯、跳跃、滑动、倾斜地控制躲过障碍物等互动体验，让玩家感觉非常真实。（图2-44）

Unity游戏引擎的各种优势资源大大减少了其开发的时间和成本，让开发者可以把更多的精力投入游戏开发和3D互动内容当中。Unity游戏引擎所拥有的全部就是其独特可用的技术。该技术强调特性和功能上的相互作用，从操作者的角度加以考虑，从而满足操作需求。

图 2-44 《神庙逃亡 2》

7. Unreal 游戏引擎

Unreal即Unreal Engine的简写，又称虚幻引擎，是全球领先的游戏开发商和引擎研发商Epic推出的一款强大的核心产品，为第一人称射击类游戏所设计，主要用于次世代网游开发。

1998年Unreal Engine诞生，诞生之初就以当时精美的画面震撼了整个游戏开发行业。随着Unreal 2的推出，技术不断进步，Epic公司成为技术的领头羊，继而推出Unreal 3，奠定了Unreal不可动摇的地位。（图2-45）

Unreal作为一款成熟的商业引擎，其以出色的表现和强大的功能征服着游戏开发行业，早期的PC平台游戏《彩虹六号》和Xbox360平台游戏《战争机器》，直接展现了Unreal引擎的独特魅力。不少现实中的场景都被真实地还原出来，这种效果给玩家带来更加真实的游戏体验。

Unreal 3采用了目前最新的即时光迹追踪、HDR光照、虚拟位移等技术，每秒可以实时运算两亿个多边形，其工作效能是Unreal1的100倍之多。只需将现在较为普通的NVIDIA GeForce6800显卡与Unreal3进行搭配，就可以实时运算出电影CG等级的游戏画面。许多游戏都运用了Unreal 3游戏引擎，如《战争机器》《质量效应》《蓝龙》等，这几款游戏的画面效果与场景交互有了大幅度的提升。

Xbox360平台游戏《战争机器》使用Unreal3，搭配上Xbox360主机的硬件，游戏整合了新一代3D图形处理芯片的高级图形处理能力，以及AGEIA提供的物理仿真技术，可以说其所呈现的画面效果以及互动性是目前顶级的，将Unreal3游戏引擎的能力完全发挥了出来，游戏画面视觉效果非常震撼。（图2-46）

图 2-45 Unreal 游戏引擎

图 2-46 《战争机器》

2.3.6 引擎的二次开发

游戏引擎是承载一款游戏的核心部件，为游戏研发提供了最基础的功能和程序接口。单独使用一个游戏引擎是无法完整地将一款游戏制作出来的。为了适应不同的游戏类型的具体操作以及表现，内容引擎需要二次开发。二次开发是根据游戏策划、关卡设计需求等内容，具有针对性地开发部分内容或者开发出全新的模块，同时也包括删减不必要的功能以减少系统资源的消耗。

游戏引擎的二次开发是大量精力与物力的投入过程，游戏引擎的二次开发往往会在基础功能关卡设计结束后开始进行验证与讨论并最终实施。

教学导引

小结：

本章着重讲述游戏关卡设计所需要的功能关卡以及视觉关卡的相关知识，在功能关卡部分，应该着重了解关卡剧情的叙述以及关卡与关卡之间的衔接，并能够运用关卡设计的相关知识设计出一个较为简单的功能关卡与视觉关卡。本章引入游戏编辑器的概念以及功能，了解游戏编辑器是游戏关卡设计的硬件基础，能够全面地了解相关游戏编辑器是制作出好关卡的前提，游戏编辑器的具体开发步骤在本章中并没有着重描述，本章只对其概念以及功能进行简要介绍，学生需通过学习一些专业的软件书籍后，再进一步学习。

课后练习：

1. 运用关卡设计中功能关卡的相关知识点，绘制一款动作类游戏中任意关卡的功能关卡示意图，同时描述出各个区域将会发生的事件。（功能关卡示意图的绘制尽可能详细）

2. 选取本章提出的主流游戏引擎中的一款为游戏的基本框架，设计一个具有相关引擎特点的游戏关卡。（游戏中某一简单关卡的功能图表以及概念图）

第三章 游戏关卡设计的流程

游戏关卡前期策划与制作

游戏关卡中期制作阶段

游戏关卡后期测试阶段

重点：

本章着重讲述游戏关卡制作的具体实施步骤，并对游戏关卡设计的构成要素进行分点讲解，具体分析游戏美术关卡从前期策划到实施的整个工作流程以及相关工作特点。

通过本章的学习，学生能够清晰地了解游戏关卡的制作流程，能分析出市场上已经在运作的游戏的关卡制作部分的流程划分。

难点：

正确认识游戏关卡图表对游戏关卡制作的意义；通过具体的案例分析，客观深入地了解游戏关卡设计流程在整个游戏制作过程中的作用，并能针对任意一款游戏制订出相应的游戏关卡设计方案及流程。

3.1 游戏关卡前期策划与制作

一款游戏关卡的成功不是仅靠关卡设计师的高超技艺与创作理念就能实现的，它必须经历产品准备、总体规划、确定主题、开发设计、定义视觉效果、演示核心玩法、整合美术/音效的效果、最终测试等过程。因此游戏关卡制作是一个系统的工程，关卡设计师必须从游戏世界的大坐标中找到游戏关卡的准确位置，而确立游戏世界观的内容就显得十分重要，游戏世界观作为前期游戏制作的概念核心，它的确立为后续游戏关卡设计的目的、主题的设定、节点的位置等一系列问题提出总纲领。这都是在进行游戏关卡制作之前就应该解决的问题。（图3-1）

产品准备阶段：雇佣人员、进行头脑风暴

产品前期阶段：确定游戏主题、确定关卡类型

设计关卡图：开发设计、制作游戏地图

产品开发阶段：制作关卡、确立关卡机制、制作美术资源

产品整合阶段：整合美术、音效等资源

产品后期测试阶段：
Alpha阶段：改善游戏内容、替换美术资源、修正关卡错误
Beta阶段：修改或替换严重的关卡错误

图3-1 关卡设计流程图

现今游戏关卡设计向集体配合创作的趋势发展，一般由团队协作完成。通过团队合作的工作方式，明确游戏关卡设计的流程，是设计出高质量游戏关卡的重要保证。

3.1.1 前期策划

确立游戏的世界观是游戏前期策划的主要任务。游戏开发者在一个初步的想法的基础上不断地添加细节描述，使其丰满并记录在案，最终以文案的形式呈现出游戏的轮廓和概要，形成游戏设计的初步蓝图，关卡设计师再以此为后续工作开展的纲领性文件，对游戏关卡设计做前期的策划准备。其具体准备内容如下：

1. 明确游戏类型及设计方向

明确游戏类型以及展开方式是关卡设计的前提。游戏类型的明确，有利于游戏关卡设计师把握关卡剧情、布局与预判关卡之间的节点。通过确立游戏类型和设计方向，使关卡设计师对游戏关卡整体设计有一定的了解，按照游戏剧情的展开方式、游戏机制、核心构架、关卡内容设置等环节的考量进一步明晰关卡设计方向，以确保游戏世界观在游戏关卡制作中得到全方位体现。

2. 收集优秀的游戏关卡范本

游戏关卡设计范本的收集是关卡设计的参考依据。优秀的游戏关卡范本更有利于关卡设计师寻找设计灵感，关卡设计师通过借鉴大量的优秀游戏关卡中的设计元素，为创作更优秀的关卡打下坚实的基础。近年来游戏产权纠纷逐年增多，设计师要严格把控借鉴与抄袭之间的尺度。

3. 确立关卡类型

关卡类型的确立对关卡制作具有重要的意义。任何一款游戏都是由多个关卡共同组成的，其中每一个关卡里面分布着无数的子关卡，不同类型的游戏对关卡内部结构的要求截然不同。如角色扮演类系列游戏《轩辕剑》（图3-2）更注重情节展开的节奏与玩家获得新技能的频率关系；即时战略类系列游戏《红色警戒》（图3-3）更注重关卡中资源的合理分配与游戏地形对各玩家的利弊关系；经营类系列游戏《模拟城市》（图3-4）更注重不同类别物品之间的逻辑关系以及分配比例；而动作游戏更注重动作的节奏。游戏中的障碍和玩家技能都是为游戏者带来愉快体验的重要工具。游戏中的大部分关卡都是依据游戏前期所制订的高度概括化的游戏纲领来进行设计的，在同类游戏中关卡类型大体相同，怎样才能在同类游戏中脱颖而出是在游戏关卡设计过程中需重点把握的问题。

图 3-2《轩辕剑》

图 3-3《红色警戒》

4. 确定游戏玩法与游戏规则

在明确了关卡总体目标和具体限制后，关卡设计人员开始进入集体讨论阶段，就游戏的内容、游戏的相关玩法、关卡节点的位置、关卡主线任务与子线任务的分配、关卡的亮点与盈利点等问题进行讨论。游戏玩法以及规则作为游戏关卡设计的重要框架，其对关卡设计有一定的制约作用，以防后期关卡结构出现故障，在一定程度上节约了游戏关卡设计的修改成本。

5. 制定具体关卡内容

游戏玩法和游戏规则制订完成之后，关卡设计就进入了具体内容的制订阶段。关卡内容的制订包括每一处场景的设置、每一个道具的摆放、每一个任务的布置与玩家投入时间等玩家。例如：某个关卡一般玩家要花费多长时间；玩家在进行主线任务时，是否会感到疲劳；玩家在进行支线任务时，所获得的附加价值等具体内容。（图3-5）

图 3-4《模拟城市》

图 3-5《暗黑破坏神 3》

3.1.2 设计表现

1. 明确游戏美术类型及方向

游戏美术设计风格的走向由其主要的受众群体决定，游戏的美术风格决定着受众的特点。《英雄联盟》（图3-6）中Q版的造型风格更容易引起女性玩家的注意，《星际争霸》（图3-7）写实科幻的风格会吸引更多的男性玩家。虽然同类型游戏《英雄联盟》与DOTA 2（图3-8）的玩法几乎相同，但是二者的玩家类型却完全不同。游戏美术风格类型的准确定位对游戏关卡设计起着决定性的作用，它是由前期策划人员和关卡设计师共同制定的，在游戏设计的初期就已开始着手。

2. 收集优秀的游戏关卡美术范本

收集优秀的游戏关卡美术范本，有利于展开地图的视觉设计，主要收集的内容有关卡大小、关卡构图、主要任务区域的设置以及支线任务的分布情况等。例如，《英雄无敌》（图3-9）游戏的地图编辑无论从关卡设计到地图画面，还是到整体布局都达到了极致，这是诸多游戏关卡设计较好的参考标准。

3. 制作游戏关卡地图

按照正确的逻辑顺序制作关卡地图会更有利于游戏关卡的创建。制作关卡地图的顺序依次为任务目标、情节展开、情节结束地点，或目标、敌人性质及敌人的运动轨迹、边界界定、地形基础构架、地形功能区域划分、路径铺设、环境营造、区域环境营造、道具位置、地图验证等。使用从整体到局部的思路编辑关卡可以提高制作关卡地图的工作效率，使游戏地图的创建达到事半功倍的效果。（图3-10）

4. 分析验证地图

分析验证地图是关卡设计表现中不可缺少的环节。任何一个地图关卡，其最终的目的都是为了使游戏数值更为平衡、稳定，游戏节奏更为顺畅，避免游戏关卡出现硬伤，如有些地点玩家无法到达，有些怪物过于强大等。

图 3-6《英雄联盟》

图 3-7《星际争霸》

图 3-8 DOTA2

图 3-9《英雄无敌》地图编辑器

5. 制订具体关卡装饰物

关卡的装饰物对于一个关卡的可玩性并不会造成太大的影响，但对于整个游戏场景氛围的营造却起着决定性作用。如果在一条马路边铺满鲜花，玩家在走入场景的过程中就会感到胜利与希望，装饰物可以很好地缓解玩家在某一时间段停留在一个较大场景中所产生的疲劳感，它还对剧情的发展起一定的引导作用。

图3-11是游戏《魔兽争霸》的一幅即时战略地图，为了保障双方的公平性，此地图采用的是对称模式，以地图中心的加血点作为关卡设计的核心点，谁先占据这个点，谁就可以先发制人。但是，完全对称的设计容易使玩家感到疲劳，所以关卡设计时，在大致遵循相对对称原则的同时应做到有所区分。从整个地图的结构分析，左边玩家的起始地点更具有进攻优势，右边的玩家更具有防守优势，这就是在关卡设计中如何通过一些细小的差别设计而带来相对平衡的例子。

游戏关卡中功能关卡的设计可通过绘制关卡示意图来表现。在游戏设计的初期，就已确立了游戏关卡的设计方向，但在此阶段中游戏的大部分概念还没有受到外部因素的具体制约。游戏关卡示意图就是游戏关卡元素构成的蓝图，它详细地描述了游戏关卡的内容、关卡与关卡之间的连通方式以及剧情和关卡节点的设置。关卡示意图囊括了高度概念化的游戏说明，同时把每个关卡分成单独的部分，以平衡每个关卡之间的节奏，控制游戏的进度，甚至是游戏的故事背景和任务对话。这些关卡示意图可以帮助关卡设计人员安排游戏中敌人的位置，以及设置在特定地点要发生的特殊事件等。

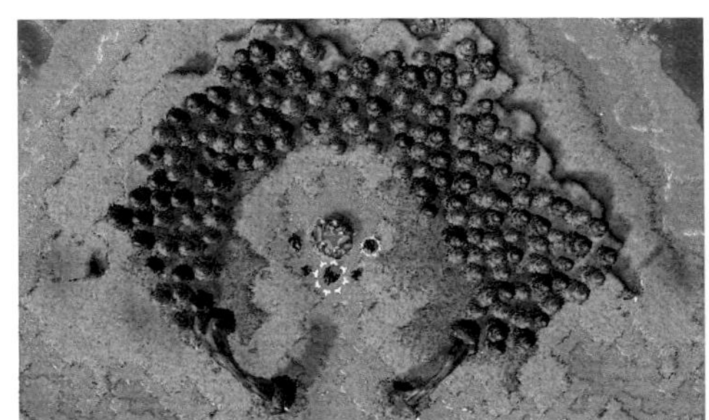

图 3-10《魔兽争霸》关卡地图

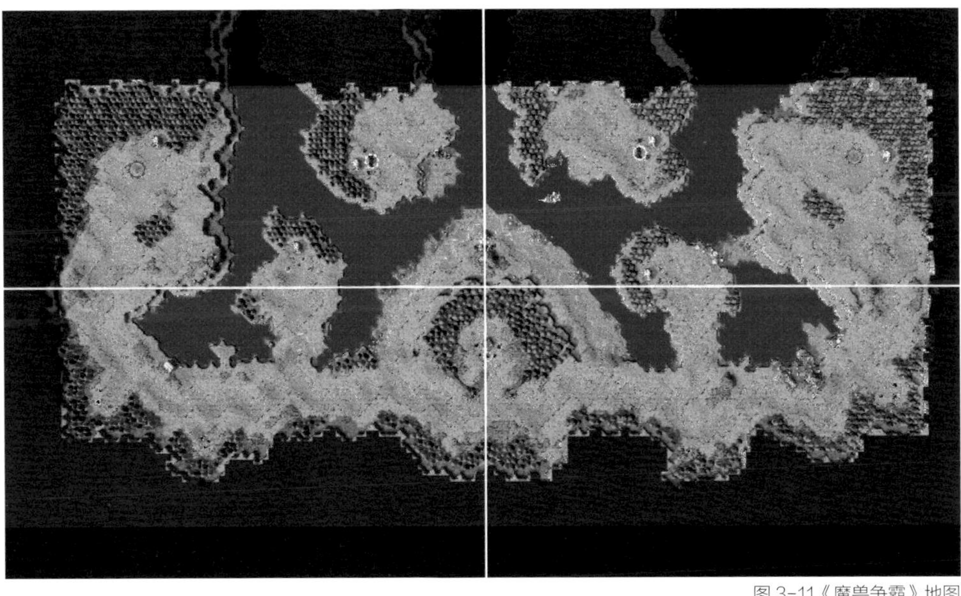

图 3-11《魔兽争霸》地图

3.1.3 游戏世界的整合

任何一款游戏都由多个关卡共同组合而成。有些游戏世界的整合遵循故事情节的发展脉络，有些则按照关卡难度的高低进行有序、有节奏的安排。关卡整体遵循由易到难、由简单到复杂的过程。

《愤怒的小鸟》游戏关卡在难度节奏上把握得非常到位。游戏的每一个关卡虽是绝对独立的，但关卡的难度进阶却呈现得非常完美。尽管该游戏只含有50个关卡，却依然能带给玩家无穷的乐趣。（图3-12）

通过游戏的前期策划，对关卡设计师设计游戏关卡的想法进行评估，最终确立游戏世界关卡大纲，并利用最便捷的关卡示意图进行表达。关卡示意图是对整个游戏世界发展的说明，也可称之为关卡任务流程图。如图3-13所示，用图表的方式呈现了关卡任务流程图，标明了游戏中所有关卡的位置，明确了游戏关卡之间的联系以及玩家体验游戏关卡的顺序。（该关卡示意图使用简单而抽象的图表来显示各个关卡之间的联系，而这些图表的内容则表示玩家所体验关卡和所需完成的任务）

在游戏关卡设计的过程中，关卡设计师经常与游戏策划师进行讨论，并以该示意图为设计依据，合理分配每个关卡在游戏中所占的比例。

图 3-12《愤怒的小鸟》

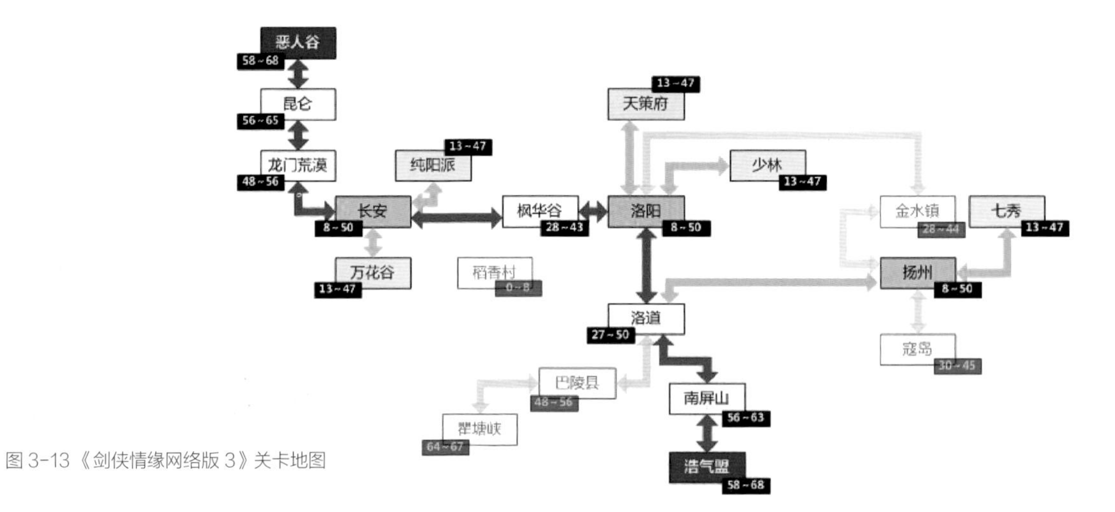

图 3-13《剑侠情缘网络版 3》关卡地图

3.1.4 关卡的主要类型

1. 标准关卡

基础关卡构成游戏的整体框架，而基础关卡则由标准关卡构成。标准关卡贯穿整个游戏的始末，玩家始终能在标准关卡中体验到游戏的机制与节奏。

标准关卡是游戏关卡的主要组成部分，也是游戏情节展开的必然体验部分，关卡设计师通常优先设计标准关卡部分。

2. 关卡节点

关卡节点作为游戏关卡之间的连接点，就如游戏地图中的传输门一样，当玩家想返回前一关卡时，枢纽区就作为关卡与关卡之间的传输门，为玩家提供可随时调换关卡的条件。并非所有的游戏都需要关卡节点，关卡节点更多出现在角色扮演游戏当中。

关卡节点的形式也多种多样。和其他关卡的游戏方式不同，在一个包含大量格斗的游戏中，玩家可以指定某块安全区作为枢纽区域，在枢纽区域中玩家的生命不会遭受任何的威胁。在游戏《暗黑破坏神 3》（图3-14）中，玩家可在“关卡节点”直接返回主基地进行各种操作，并且还可以迅速返回任何一关的节点。

枢纽区域的复杂情况视整体关卡结构而定，作为一名优秀的关卡设计师，在进行游戏关卡设计时，要以玩家能够有效使用枢纽区域为前提，使玩家达到最终目的，同时体验到其中的乐趣。

关卡节点的设置不仅可以有效降低游戏的紧张感，还可以增加游戏的可玩性。过多的关卡节点会破坏游戏的节奏，过少的关卡节点会增加玩家游戏的紧张感，每个关卡节点出现的时间大致在游戏顺利进行10~20分钟之间，并且出现的位置最好是一个故事情节的转折点。

图 3-14《暗黑破坏神 3》

3. BOSS关卡

BOSS关卡又称挑战关卡。玩家打怪兽作为整个挑战关卡的主线任务。一般游戏中怪兽关卡较小，内容较少，多为单独场景，有部分装饰物作为控制游戏节奏的道具。BOSS关卡的设计主要依据前期规划的BOSS攻击方式展开，BOSS关卡的设计流程区别于标准关卡，BOSS关卡的整体气氛较标准关卡更为紧张、激烈，甚至会在游戏机制上与标准关卡有一定的区别。

例如，《鬼泣 4》中的BOSS关卡都是较为单独的关卡，BOSS关卡里的怪兽无论从体积上还是体能上都会强于其他关卡的怪兽，并且BOSS关卡的怪兽具有特殊的技能。在BOSS关卡中玩家的操作密度很高，一般整个战斗应控制在10分钟之内，如果超过10分钟，就应当设置足够的空间让玩家躲避或者暂时逃离，否则过强的节奏会给玩家带来心理压力。（图3-15）

4. 副本关卡

副本关卡是一种特殊的关卡设计方式， 副本关卡设计最主要的目的并非是让游戏变得更为有趣，而是为了延长游戏的生命力。在一款主线任务全部完成的游戏中，为了保持游戏的生命力，开发商经常会不定期地加入副本关卡。《魔兽世界》（图3-16）巧妙地运用副本关卡维持游戏的生命周期长达十年之久，并且还在一直更新。

为了保证副本关卡存在的价值，一般在副本关卡中会出现特殊物品或者较为高级的成套装备，这样才足以让玩家对副本关卡产生浓厚的兴趣。例如，《暗黑破坏神 2》第五幕（ACT Ⅴ）中的一个固定关卡，在第五幕完成第三个任务后，安雅会开启一个通往尼拉塞克神殿的红门，此地图后面有一个建筑，特殊怪物“暴躁外皮”就在里面，因为每杀死一次该怪物都会产生较好的装备，所以这个怪兽也就变成了最为悲剧的角色，一般的玩家要杀死它30~50次，也有部分执着的玩家会杀死它上百次。在《暗黑破坏神 2》时代，怪兽每次被杀死都要先退出然后再重新进入游戏，才可以复活。但玩家仍乐此不疲，这是一个意外，也是一个较好的副本关卡设计的参考案例（图3-17）。

关卡设计师通过对玩家在挑战关卡中所迎接挑战的对象进行分析，按照不同类型的游戏节奏与生命周期加入适当的副本关卡，可以使玩家投入大量时间到游戏中去。

5. 关卡迭代

任何一个关卡都不可能尽善尽美，在关卡设计的过程中，可以采用迭代升级的方式完善关卡。

功能的迭代是为了延长游戏的生命力，主要体现在固定关卡形式的游戏中。尤其体现在即时战略游戏中，如《魔兽争霸》游戏即时对战模式的不断更新升级就是一个典型的游戏迭代的例子，一方面调整了游戏的平衡性，另一方面也增加了游戏的吸引力（图3-18）。

正确使用关卡迭代可以有效地延长游戏的生命周期，游戏的生命周期越长，商家就会获得更多的利润。

图 3-15《鬼泣 4》

图 3-16《魔兽世界》

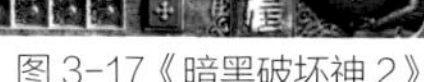

图 3-17《暗黑破坏神 2》

图 3-18《魔兽争霸》

3.2 游戏关卡中期制作阶段

游戏关卡的中期制作阶段即完成游戏世界的高度概念化阶段，准备好游戏关卡设计示意图，明确游戏美术风格并完成游戏引擎的二次开发。此时，团队成员开始依据游戏关卡示意图来为游戏关卡填充内容和功能。

依据游戏世界观和关卡示意图，关卡设计师开始创建关卡。初期的游戏关卡根据关卡示意图被很快地搭建起来，它可以评估关卡中应包含的各项基本内容。一旦关卡的可行性得到验证，就可以对其进行美术加工，融合美术风格并添加各种元素，真正使它完善起来。

3.2.1 演示核心玩法

玩法规则代表着玩家体验游戏的方式，如玩家在进行游戏体验时通过操控游戏中的一支军队来袭击另一支军队，或控制一个角色在游戏中寻找道具等。每一个游戏都有自己独一无二的玩法规则。

游戏关卡设计师在游戏产品开发阶段的首要目标就是创建一个原型关卡，使其功能能满足基本的游戏核心玩法和规则。游戏关卡设计师必须集中精力开发出一个完成度较高的关卡，随后游戏内容的开发也以此为原型进行扩充和细化。以原型关卡为游戏关卡的缩影，用以演示游戏的技能、美术风格和创新设计。游戏关卡的核心玩法也将随着原型关卡的制作不断完善。

游戏关卡设计师和游戏项目负责人要审查所有的设计文档和游戏功能关卡，从中选取一个合适的关卡作为游戏的原型演示；同时项目组会制定一个工作任务表和时间表，然后调动所有的团队成员参与到制作中；美术设计人员开始为关卡所需的角色和场景建模、贴图和制作动画；程序人员则负责实现该关卡所需的特色功能和玩法，使关卡运行起来；策划组则开始构建关卡的具体模型。

负责制作原型关卡的关卡设计师以关卡示意图为基础构建关卡的具体模型。此时的模型完成度较低，只需通过用简单的几何模型对游戏关卡的场景做一个抽象化的模拟。

原型关卡中的美术图形只是临时放置的白盒（替代品），最后会用物件进行替换。例如，解谜、脚本事件或是某些特殊的功能都不会出现在原型关卡里，但是关卡设计师需要为这些功能留下扩充的余地，以便将来对其进行追加（图3-19）。

在创建关卡模板的时候，楼梯可以用简单的斜坡走道代替，这样可以节省大量的时间，以便让关卡设计师将注意力集中在关卡设计，而不是具体的美术细节上。

在原型关卡制作完成后，则需进行初步的测试并获取反馈。初期的测试通常在游戏团队内部或是公司内部进行。大多数情况下，团队成员通过体验关卡的测试版本提交修改意见。关卡设计师以玩家的角度来体验游戏，收集修改意见，了解关卡所存在的问题，随后对游戏关卡中的元素进行修改或调整，以此来改进关卡。修改的内容通常包括游戏平衡性的修改和游戏难度的调整。

当整个游戏团队对原型关卡的体验以及玩法表示满意后，游戏关卡设计师以及程序人员将对原型关卡进行加工，使其完成度达到成品标准。

3.2.2 整合游戏美术资源

游戏的美术效果决定着玩家对游戏的第一印象。任何一款游戏，美术风格的确立在游戏中都起着至关重要的作用。游戏中的任何图像资源都是以同一风格为前提进行设计的。

美术人员为原型关卡创造了角色、场景、动画以及特效，使整个游戏关卡通过美术的包装变得更加完整，更具表现力。

3.2.3 整合游戏音效

游戏中，音效作为烘托气氛的重要元素在游戏的体验中起着重要作用。

经过深思熟虑之后加入的音效能够使玩家体会到其所要表达的情感，从而在游戏体验上达到事半功倍的效果。例如，《生化危机》（图3-20）中丧尸发出的声音作为一个需要搏斗的信号，该声音对玩家体验上有一定的预警作用。在游戏中某些关键时刻或是预示某事要发生的音乐也可提升玩家的兴奋度。

游戏中音效的制作通常由音效师完成，音效师和美术人员及关卡设计师等一起为原型关卡制作音效。音效制作的过程中，除一些特殊音效需要特制外，其余音效可以用相同元素代替，以减少资源的浪费。音效设计师要在原型关卡模型制作前给设计团队提供一批初步使用音效，这有助于为游戏的剩余部分建立一个音效标准，为后期关卡设计减少不必要的资源浪费。

游戏关卡中基本每个元素都需要音效的辅助，其目的在于提高游戏的丰富性及玩家的体验感。游戏背景中常运用环境音效和触发音效。环境音效是指背景发出的声音，如风声、雨声等；触发音效则是指玩家在游戏体验时引发的声音。

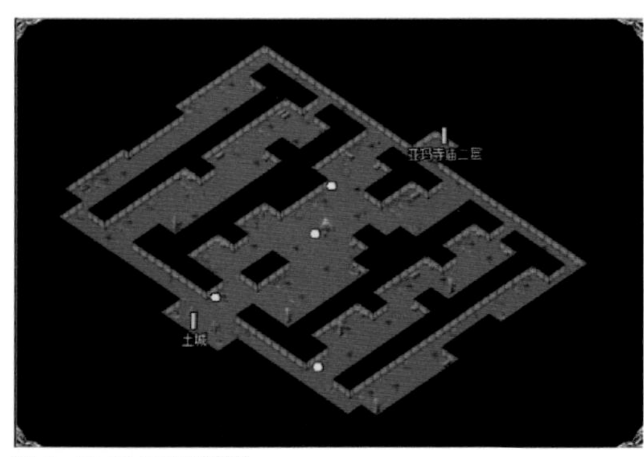
图 3-19 关卡几何模型

图 3-20《生化危机》

音效作为游戏关卡设计中最后加入的元素，在一定程度上对游戏起着修饰与渲染的作用。

3.3 游戏关卡后期测试阶段

关卡设计出来后，必须经过不断地调节和测试，以达到最佳的效果。关卡设计师需针对游戏的结构及可玩性进行反复调节，时刻注意玩家在游戏关卡中将要面对的事物，使用挑战和休息等方式来调节游戏的节奏和速度。关卡、怪物和其AI脚本（Script）通过游戏引擎集成后便可以进行更复杂的可玩性测试（Playtest）。

3.3.1 Alpha 阶段

Alpha阶段即内测阶段。在游戏开发过程中，Alpha版本意味着游戏有完整的功能和流程，但这并不意味着游戏本身或是所有的关卡都完成了。事实上，在Alpha阶段仍然有大量的工作要做。例如，加入一些美术资源和音效，以及解决很多会影响游戏可玩性或是外观的bug。这个时候正是测试员或是质量控制部门（QA部门）参与的关键时刻。

一旦游戏进入Alpha阶段，就要开始准备测试。管理QA团队的测试主管，会为游戏制订一个测试计划。在这份计划中，游戏关卡会被分成几小块，然后分给测试员分头进行深入测试，检测其中是否有bug。测试员通过bug数据库提交测试中发现的错误，开发团队会修正与他们工作相关的bug。每修复一个严重的bug，程序员们就会生成一个新的游戏版本，然后测试团队再对最新版本游戏进行测试。通常关卡策划人员会每天都要查看bug数据库，有些还会进数据库去查看那些关卡优化部分的建议，这些建议有助于游戏运行得更加顺畅。场景优化包括：用面数更少的几何体，减少贴图的使用数量，甚至是去掉一些对游戏可玩性没有任何帮助的装饰。

在Alpha阶段，有的关卡可能需要加入更多的细节和装饰物（这些装饰性的元素可能完全无用，但在关卡制作中却经常用到），这些附加元素可以让游戏画面更加精致。因此，制作人在Alpha阶段必须为其设立期限，到了这个时间，美术人员就只能修改已经存在于游戏中的有关美术方面的bug，而不能继续追加新内容。这个时间点也标志着游戏已经从Alpha阶段进入了Beta阶段。

3.3.2 Beta 阶段

Beta阶段即公测阶段。在软件开发中，Beta阶段都是产品最接近成品的阶段。正如上文提到的，游戏中的资源（美术、音效、游戏功能）都已完成，这些资源只能在修改bug时被直接替换。实质上，这个时候游戏已经完成，但在最终成品出来之前，还有一些bug必须修正。

并不是所有的bug都会延迟产品的发行。在游戏里，bug通常被归为4类：A级bug、B级bug、C级bug、D级bug。

A级bug会导致游戏的中断，是最严重的一类bug，这类bug将导致游戏不能发行。A级bug包括导致游戏当机、功能完全不能运行的bug，或是那些导致玩家无法完成游戏的bug。

B级bug与A级bug相比对游戏的整体运营影响较小。B级bug包括游戏玩法上的问题，例如角色穿过模型，或者碰到看不到的障碍物等。B级bug会对玩家造成不好的游戏体验，会使玩家产生挫败感。小部分的B级bug比较严重，会导致游戏不能正常运行。

C级bug的严重程度相对较低，通常是一些不会对游戏玩法造成影响的图形问题。这类问题造成的影响比较小，可能是物件贴图错误，或是角色动画错误。游戏的发行很少会受到C级bug的影响。

D级bug，其实是对游戏进行改进的意见。玩家在玩游戏时可能会觉得某个敌人太难打，或是认为某个关卡如果能多一个存盘点会更好。测试员会将这类建议写入bug数据库中，并且将其列为D级bug。大部分D级bug的优先度较低，开发团队通常没有过多的时间去理会。

很多的游戏都在Beta阶段被淘汰，如暴雪娱乐公司曾经耗时7年研发的网游项目“泰坦计划”。

在本书编辑的过程中由暴雪娱乐公司出品的《风暴英雄》还处于Beta阶段。（图3-21）

图 3-21《风暴英雄》

教学导引

小结：

本章针对游戏关卡制作流程规范的主要内容进行了分节论述。通过本章的学习，学生可以全面掌握游戏关卡制作前期策划及设计流程的理论知识，对游戏关卡设计流程的理论基础与构成要素有深入的认识。

课后练习：

1. 收集目前市面上1～2款小型游戏，按照游戏关卡设计流程中时间段的分类，将游戏关卡拆分为前期策划中的关卡示意图、中期原型关卡的关卡图形和后期成品关卡。

2. 简单策划一款即时战略游戏的关卡设计流程实施方案（含进度规划），并根据要求绘制游戏世界关卡图表。

第四章 游戏关卡设计的主要类型与流变

动作游戏关卡设计

冒险游戏关卡设计

益智游戏关卡设计

模拟游戏关卡设计

第一人称射击游戏关卡设计

角色扮演游戏关卡设计

即时战略游戏关卡设计

重点：

本章着重讲述不同类型游戏关卡的设计要素与流变形式，以及不同类型游戏在不同时期所呈现出的特点。根据这个发展规律，预测未来不同类型游戏关卡设计的发展方向。

通过本章的学习，学生可以清晰地了解游戏关卡的主要类型特点与流变的基本过程，以及关卡构成的要素和游戏的核心机制。

难点：

能够正确认识不同社会背景下的游戏关卡的特点；通过梳理游戏关卡的脉络和具体的案例分析，客观深入地了解游戏关卡设计在游戏制作中的作用。

4.1 动作游戏关卡设计

动作游戏（ACT），是最早出现的一类游戏，旗下衍生出格斗游戏（FTG）、射击游戏（STG）、第一人称射击游戏（FPS）、体育游戏（SPT）等不同的子类别。

20世纪80年代末，动作游戏是主流的游戏形式，大部分街机游戏都是同一游戏机制下的不同翻版。时至今日，动作游戏不断演化，发展出各式各样的类别，如音乐节奏（MUG）、虚拟实境游戏（VRG）等。动作游戏考验玩家的反应能力和手眼协调能力。因而，此类游戏的结构和玩法较其他游戏简单，关卡的设计规律也更易掌握。

游戏《狼穴 3D》为第一人称射击游戏的起点。第一人称射击游戏最初的发展进化可以说是比较缓慢的。Id Software从《狼穴 3D》（图4-1）到《毁灭战士：终极版》（图4-2）之间除了技术进步带来的画面上的进步之外几乎没有任何创新。《狼穴 3D》和《毁灭战士》完全使用键盘完成角色的转身和移动，使角色动作非常不自然，不支持鼠标导致瞄准困难等。奇幻类FPS游戏《毁灭巫师》（图4-3）和《异教徒》（图4-4）经由ID引擎制作，创新程度都较小。

4.1.1 关卡的设计要素

经研究发现，人类大脑在单位时间内只能处理有限的信息，迅速变化的反馈信息能够使交互者更加专注。所以动作游戏的关卡设计核心通常由基于反应力和敏捷力的挑战构成，关卡设计师一般都会为围绕游戏技巧、游戏速度的复杂度展开设计。

动作游戏包含的设计元素有很多种，以下是较为常见的三类（可根据实际情况适当参考）。

图 4-1《狼穴 3D》

图 4-2《毁灭战士：终极版》

图 4-3《毁灭巫师》

图 4-4《异教徒》

1. 目标任务

动作游戏一般由多个连续的关卡组成，关卡内容一般较为简单，玩家需在每个关卡完成相应的任务，直至完成全部关卡，关卡目标任务难度逐步增加，关卡设计师针对不同关卡制定出不同的主题，该主题作为游戏关卡设计的主要目的，也是该关卡的主要目标。

2. 场景

动作游戏都依附于一个游戏场景，场景设计的出发点是游戏路径与空间层次的平衡性。

在动作游戏的场景中，两个阵营的角色都应该具有相同的地理优势与基本相同的路线长度，以达到游戏的平衡性。关卡设计师应在游戏的混战区域设计足够开阔的视野以及玩家逃生的多种路线，以增加游戏对抗的乐趣。

3. 敌人

目前，动作游戏的敌人主要是电脑机器人与其他玩家两种，也有部分游戏是两种敌人同时出现，玩家与敌人的关系为简单的直接对抗。电脑机器人使用人工智能操纵，在关卡设计中人工智能的综合设置对于敌人的强弱与游戏乐趣起着决定性的作用。

4.1.2 核心机制

动作游戏的游戏性以锻炼反应速度为主，这是一种专注而反复尝试错误的游戏模式，在动作游戏的关卡中游戏规则没有太多的限制。因此，用游戏中角色的敏捷性与动作的连贯性战胜对手或者克服困难，最终获得胜利就成了动作游戏的基本机制。在这个基本框架内，设计师将玩家关注的创新点集中到射击感上，即游戏角色在何种情景下，将会做何种动作，这些动作的形式和过程又将怎么设计等。

常见动作机制包括跳跃、射击、追逐、逃避、格斗、承接物品、驾驶载具以及各类体育运动。动作游戏关卡结构都是以明显的段落划分为主，大部分都有明确的任务。当任务完成后，游戏便进入下一个阶段。

4.1.3 动作操控设计

对应于游戏角色在屏幕上的动作，玩家在现实中的操控动作也需要设计，这就是游戏的操控设计。对于动作游戏而言，人机交互尤其注重良好的操控感和灵敏的反馈感。因此，善于利用鼠标、键盘和手柄等外部设备，使屏幕动作和现实动作自然对应、无缝衔接，成为动作游戏操控设计的关键。

以第一人称射击游戏为例，《毁灭战士》（1993）（图4-5）和《雷神之锤》（1996）（图4-6）所创立的鼠标键盘组合操作，已经成为行业的标准模式。而《超级马里奥 64》（1996）（图4-7）的控制系统，也成为游戏机平台上大部分3D动作游戏的标准。这些控制模式都具有上手容易、操作自然的特点。

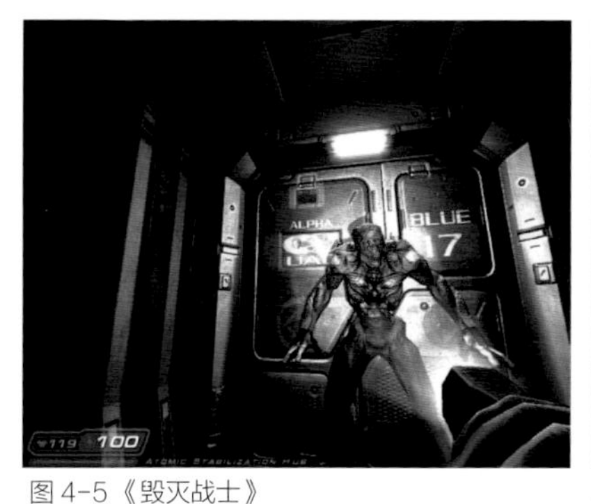

图4-5《毁灭战士》

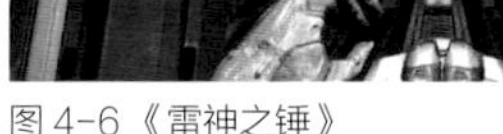

图4-6《雷神之锤》

图4-7《超级马里奥 64》

4.1.4 关卡设计的流变

动作游戏从开始到现在，游戏机制已经发展得非常成熟，更多的关卡设计师将创新重点放在内容的丰富性以及游戏体验的改进上。除此之外，生物感应技术的不断进步，使游戏关卡设计师在设计关卡时，通过利用真实空间和身体动作捕捉设备，开发出调动玩家全身动作的一类游戏，玩家可以在真实的大尺度空间里自由发挥，不再受限于传统的人机交互模式，使游戏更加生动，更具代入感。这类游戏具有较好的发展前景。

4.2 冒险游戏关卡设计

冒险游戏（AVG），源于互动文本小说*Interactive Fiction*，现已演化出各种图形类的冒险游戏以及交互式电影（Interactive Cinema）游戏。此类游戏集中于探索未知、解决谜题和探索性的互动等情节。

冒险游戏强调故事和游戏情节。玩家通过和其他角色对话、寻找道具、战斗等方式来推动游戏的发展。冒险游戏根据游戏的强度又可分为情节冒险类（DAVG）和动作冒险类（AAVG）。《波斯王子》系列（图4-8）和《刺客信条》系列（图4-9）为这两类游戏的代表作品。

图4-8《波斯王子》系列

图4-9《刺客信条》系列

4.2.1 关卡设计要素

1. 情节冒险类游戏

在情节冒险类游戏里，玩家通过控制游戏中的角色来和其他角色对话和交换道具。玩家在探索游戏世界的过程中，寻找谜题或是解决阻碍游戏进程的游戏要素。

在游戏中玩家通过得到的道具和游戏中提示的信息来解决问题。例如，在《机械迷城》（图4-10）中机器人需要寻找钥匙开启大门。

2. 动作冒险类游戏

在动作冒险类游戏里，玩家通过快速奔跑、跳跃、躲避、格斗等一系列动作技巧来探索未知故事情节，通过解开谜题推动故事情节的发展。玩家需要准确地判断前方可能遇见的困难并及时做出反馈，同时牢记一些特定的地标才能顺利进行游戏。动作冒险类游戏要依靠人物动作的衔接（连击）与玩家的操作加上敏捷的思维模式共同作用，这类作品的典型代表为《阿比逃亡记》（图4-11）。

4.2.2 核心机制

动作冒险类游戏的游戏性以解谜、记忆和探索未知为主，由玩家控制某个角色进行的虚拟冒险游戏都有特定的故事背景，情节以完成某一特定任务或者解开某些谜题的形式展开，在游戏过程中强调未知谜题或任务的重要性。游戏关卡设计师关注的关键点应是怎样将故事情节的发展与玩家互动紧密结合起来，并且要注意谜题的新颖性和逻辑性，通过不同的谜题类型来提高游戏的沉浸感。谜题过难会降低玩家与游戏的互动，甚至使玩家放弃游戏。（图4-12）

4.2.3 关卡设计的流变

对于冒险游戏而言，故事情节推动着整个游戏的发展。早期冒险游戏用键盘控制人物走向，属于纯文本内容，没有图像。随着科学技术的发展，冒险游戏逐渐发展为3D模拟真实的场景，写实的氛围给玩家带来很强的视觉冲击力。游戏通过半隐半现、连环嵌套的提示，勾起玩家的好奇心，使玩家可以在无数个隐秘、封闭或关联的场景中进行探险。谜题的方式也由最早的简单的数学运算谜题发展为声音解密、图画解密、动作解密等较为复杂的解密模式。

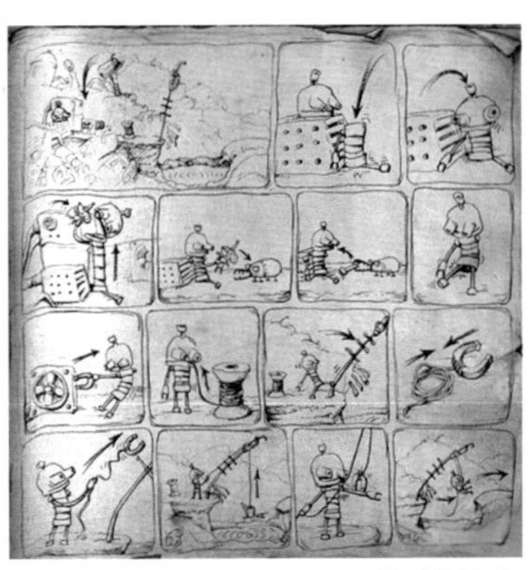

图 4-10《机械迷城》

图 4-11《阿比逃亡记》

图 4-12《赛伯利亚之谜》

4.3 益智游戏关卡设计

益智游戏（PUZ），是以挑战智力为主要乐趣的一类游戏，涉及记忆、逻辑、策略、模式辨别、空间想象、文字表达等，往往附加运气和敏捷等考验，为了给玩家带来持续的动机来源，此类游戏往往伴随着障碍来临时的焦虑感和解决障碍时获得的奖励。达到相应的分数或者解决某一特定的任务，即可结束本关卡并进入下一关。如《俄罗斯方块》（1985）（图4-13），玩家只需要将屏幕中下落的各种形状的积木拼接成整体，积木无空隙，游戏便可一直持续下去，如果积木中存在空隙，积木将不断累积，当累积到屏幕顶部时，游戏便以失败告终。

4.3.1 关卡的设计要素

益智游戏的设计核心即挑战的形式，它可以是纯粹的空间排列问题，也可以是逻辑推理问题，或者两者的有机结合。关卡设计师在进行益智类游戏设计时，为了丰富游戏的关卡设计，利用多种智力的综合手段给玩家带来挑战性。例如，《俄罗斯方块》的挑战在于空间智能和敏捷智能的结合，而《推箱子》的挑战则来自逻辑智能和空间智能的结合。

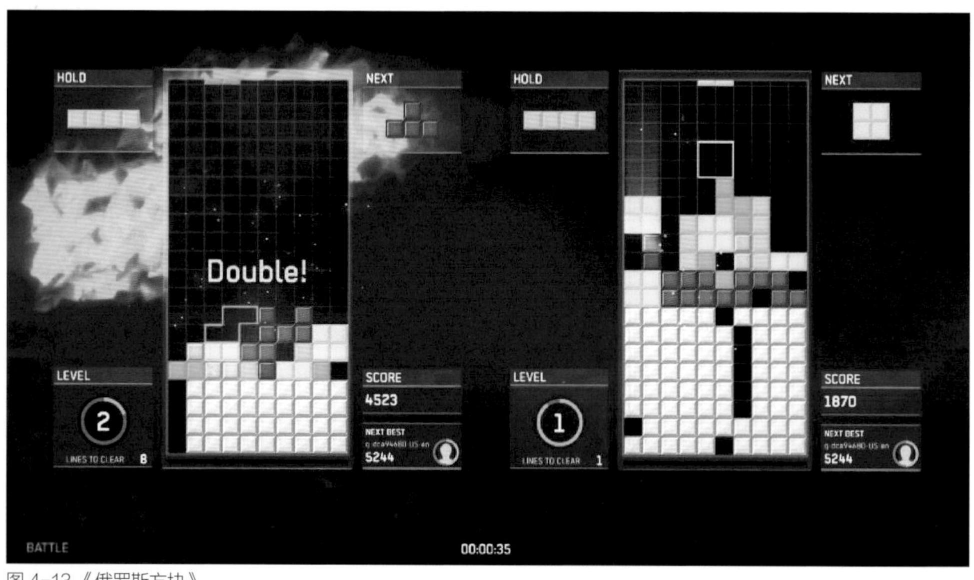

图 4-13《俄罗斯方块》

4.3.2 核心机制

益智游戏的游戏性以脑力锻炼为主，这是一种休闲类游戏，在整个游戏过程中鲜有暴力内容。益智游戏必须具有很强的逻辑性或者策略性，交互设计上应满足操作简单、易掌握，游戏规则简单自然、浅显易懂等特点，同时要具有技巧性和趣味性。随着等级的提升，操作难度系数及游戏速度相对增加，使游戏富有挑战性。创意在益智游戏中占据首要地位，如《割绳子》（图4-14）就是一款具有代表性的利用最简单的游戏方式使玩家体会到无穷乐趣的游戏。

4.3.3 关卡设计的流变

益智游戏因其具有技术制作门槛较低、文件量小、传播速度快等特点，已经成为目前最为丰富的游戏种类。从最早的《俄罗斯方块》、《华容道》到如今的《2048》、《愤怒的小鸟》（图4-15）、《连连看》、《割绳子》、《接水管》、《泡泡龙》（图4-16）、《捕鱼达人》（图4-17）等，流变为上千种不同的形式，是目前为止流变最为丰富的一种游戏类型。

手机平台的推出使益智游戏在市场上的占有量很大，关卡设计师要在注重培养玩家探索性思维的基础上，提高玩家主动探索、解谜等主观能动性，激发玩家持续游戏的动力。

图 4-14《割绳子》

图 4-15《愤怒的小鸟》

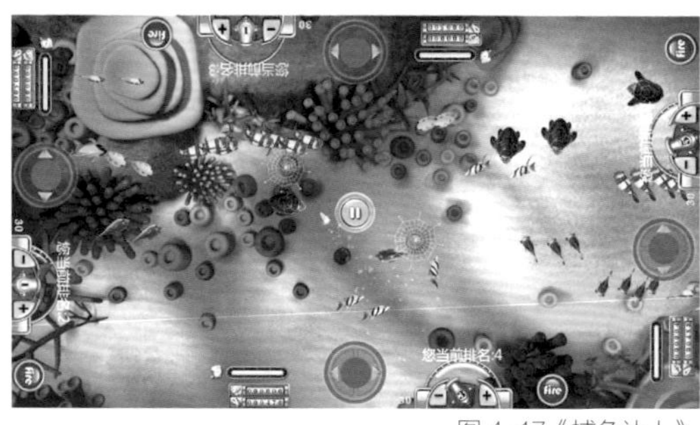
图 4-17《捕鱼达人》

图 4-16《泡泡龙》

4.4 模拟游戏关卡设计

模拟游戏（SIM），是以模拟现实为主的经营游戏。这类游戏一般以某种真实的大型系统为蓝本，将各种复杂因素融于游戏之中，要求玩家动用智慧进行策略管理，这种游戏没有固定的情节和关卡，也没有既定的规则，玩家可以按照自己的意愿自由进行。例如，《模拟城市》（1989）（图4-18）以城市的规划和管理为主，摒弃了获胜或者失败的概念。

4.4.1 关卡的设计要素

模拟游戏的设计核心即创造、管理、解决难题，它最大的特征是没有预设的目标，让玩家按照自己的意愿去游戏。关卡设计师在进行模拟游戏设计时，应满足玩家创造的满足感和管理的权力感。随着游戏的进行，难度应逐渐增加，前期玩家应注重游戏的创造性，后期应注重管理和经营。

4.4.2 核心机制

模拟游戏的游戏性以创造、探索资源管理为主，并辅之以任务、情节等元素开放式结构，这是一种创造而多变的游戏模式。因此，依靠玩家的想象力和创造力来克服和解决各种问题，最终达到玩家心中预想的效果就成为模拟游戏的基本机制。在开放式的机构下，游戏关卡设计师关注的关键点是故事情节发展难度，以及游戏角色在场景中将会往什么方向发展，这些故事情节发展的形式和创造又将怎么连接。

常见模拟机制包括经营、管理、扮演、养成。模拟游戏关卡结构都是以达到某个目标为主，当达到目标后便进入下一阶段的管理和经营。（图4-19）

图 4-18《模拟城市》

图 4-19《模拟人生》

4.4.3 关卡设计的流变

随着社会经济、文化的发展，计算机硬件技术的提升，模拟游戏关卡模式也随之改变，对于游戏角色在游戏中的角色定位、情感定位也越来越清晰。对于模拟游戏而言，故事情节发展方向尤其反映了玩家的基本性格特征或心理幻想。因此，善于利用玩家心理特征变化来牵动故事情节发展方向及管理，有助于关卡设计师直观地体验社会系统的运作以及宏观调控综合能力的培养。

目前，模拟游戏因为受计算机硬件的限制，还处于初期发展阶段。因为模拟游戏后台工作量巨大，所以只有具备大型团队的公司才能够推出较为优秀的模拟游戏。模拟游戏将由现在整体操控或局部操控两种模式逐渐转变为整体与局部混合操作模式，在未来的模拟游戏中大型社会群落以及社交系统会逐渐建立，最终模拟游戏会发展成为《第二世界》游戏模式，可以承载上亿人同时在线，现实与虚拟的界限也会在这类游戏中变得模糊。模拟经营类游戏是未来游戏的一个框架，理论上任何类型的游戏都可以变为模拟游戏的副本。（图4-20）

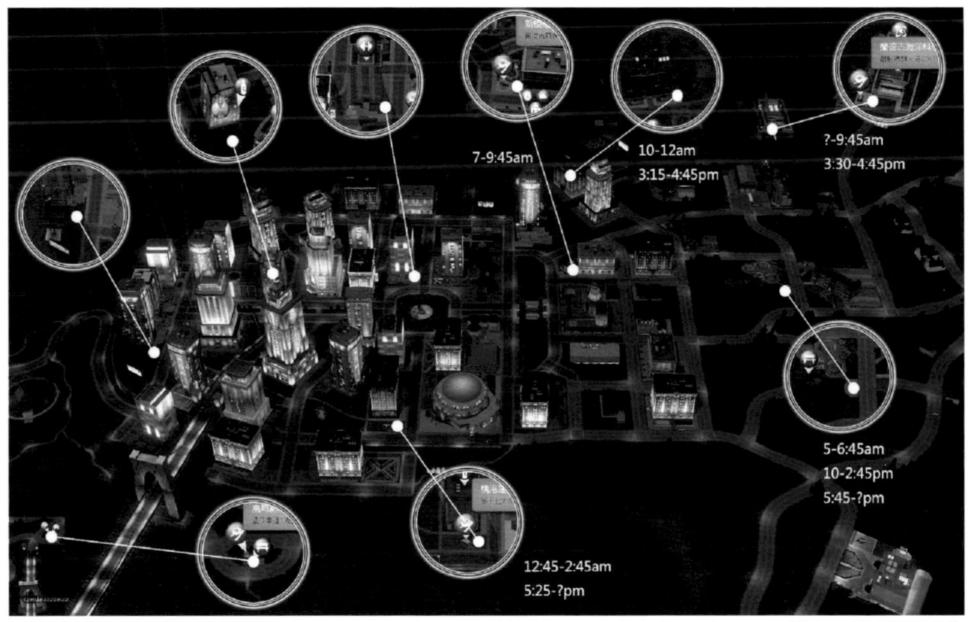

图 4-20《模拟城市》

4.5 第一人称射击游戏关卡设计

第一人称射击游戏是将摄像机放置在玩家控制的角色内部，玩家不再以第三人称的方式操作虚拟人物来进行游戏，而是身临其境地体验游戏带来的快感，增强了游戏的主动性和真实感。这种游戏大多采用3D虚拟现实技术，将游戏主角的视野替换为玩家的视野，给玩家带来一种沉浸感，此类游戏大多支持玩家在三维空间中移动和交互，具有较强的临场感。例如，《雷神之锤》（1996）纯粹定位于一个供玩家比赛射击技巧的竞技场；《神秘岛》（1993）（图4-21）为第一人称解谜游戏的经典力作；《极品飞车》（1997）数十年不断地更新充分体现了此类游戏旺盛的生命力。

4.5.1 关卡设计的要素

第一人称射击游戏的设计核心在于真实视角的呈现，逼真的环境是此类游戏的首选表现方式。第一人称射击游戏更注重画面的临场感，此类游戏越接近真实视觉，越容易吸引玩家。《极品飞车》（图4-22）游戏加入了加速度视觉模糊的特效，使很多已经放弃此游戏的玩家重新回归阵营。

4.5.2 核心机制

此类型游戏的核心是如何把握真实与游戏之间的感受界限。目前为止，人类还未发明出全范围的3D图像，所有的第一人称射击游戏都是使用屏幕进行观看式体验。如何把握此类游戏从真实世界向平面世界的转换，是此类型游戏的核心价值方向。

4.5.3 关卡设计的流变

第一人称射击游戏关卡设计与技术的进步密不可分，随着时代的发展和电子技术的不断创新，3D游戏引擎实现了场景的真实化，在未来科技的辅助下，达到真正的玩家沉浸状态才是此类游戏的最终归宿。

图 4-21《神秘岛》

图 4-22《极品飞车》

4.6 角色扮演游戏关卡设计

角色扮演游戏（RPG），在游戏玩法上，玩家扮演一个在写实或虚构的世界中活动的角色。玩家负责扮演的角色在一个结构化规则下通过一些行动来推动剧情的发展。多人在线角色扮演游戏的英文全称为Massively Multiplayer Online Role-Playing Game，属于角色扮演游戏的一种高级形式。多人在线共同参与游戏，每个玩家只扮演一个虚拟角色，并控制该角色的行为。无数的玩家共同构成一个游戏网络。

单机角色扮演游戏的代表作为《无冬之夜》（2000）（图4-23）。多人在线扮演游戏的代表作为《魔兽世界》（图4-24）。

4.6.1 关卡的设计要素

角色扮演游戏的设计以人物成长和情节展开为核心，强调角色与游戏者的心理移情，当游戏角色身处某种境遇时，要唤起玩家相应的情感体验，使玩家身临其境。

图 4-23《无冬之夜》

图 4-24《魔兽世界》

不同的人在角色扮演游戏中期待不同的游戏体验，如设计师Neal和Jana Hallford 在《剑与电》一书中提到的两种游戏爱好者，分别为“故事迷”和“升级狂”。“故事迷”对游戏情节的发展最为感兴趣，游戏关卡对他们不过是一本交互式的小说，所有的交互以及操作只是为了让故事不断推进；而“升级狂”则关注有利于升级的内容。所以游戏关卡设计师设计角色扮演游戏时往往会面临艰难的选择，一方面可以选择使游戏成为巨大而复杂的系统，以照顾各个玩家的喜好；另一方面，仅针对一部分玩家进行关卡设计。

4.6.2 核心机制

角色扮演游戏的核心在于它是将虚拟人物的性格特点与玩家进行合并后将玩家彻底带入游戏世界的一类游戏，角色扮演游戏更容易使玩家产生代入感，更加贴近玩家的理想状态。与其他类型游戏相比，角色扮演游戏对游戏的剧情要求更高，情节更为曲折。因为角色扮演游戏永远服务于“扮演、转化”这个要素，它能够为玩家带来更强烈的角色代入体验。

4.6.3 关卡设计的流变

角色扮演游戏目的是将玩家的内心自我状态投射到游戏内部，最终在游戏中形成一个想象中的自己。早期的角色扮演游戏由计算机桌面游戏进化而来，如《龙与地下城》，该游戏的核心内容由各种数值构成，通过语言和讨论进行游戏。随着计算机储存空间的增大与运算能力的增强，故事性极强的角色扮演游戏大规模兴起，如《轩辕剑》《天地劫》《天龙八部》《武林群侠传》《金庸群侠传》等。20世纪末期，随着互联网的普及与发展，角色扮演游戏最终转变为《魔兽世界》（图4-25）类型的社交网络式。

图 4-25《魔兽世界》

《魔兽世界》系列游戏发展至今已经走过了十多个年头，实践证明社交网络型的角色扮演游戏寿命较传统的情节式更长。

4.7 即时战略游戏关卡设计

即时战略游戏（RTS），属于策略游戏（SLG）的一种，游戏是即时进行的，快而激烈，而不是策略游戏多见的回合制，即时战略游戏同时具有对抗性和策略性的模拟，尤指以战术策略为主的战争模拟游戏。即时战略游戏要求玩家合理配置各个兵种和战斗队形，调控作战部队和后勤单位，综合运用各种资源来宏观操作，获得胜利。（图4-26）

4.7.1 关卡的设计要素

即时战略游戏的关卡设计核心要素是平衡性的设计，包括地理位置的平衡性、地形的平衡性和资源的平衡性等。即时战略游戏操作烦琐复杂，玩家在对战的过程中需要配合微操作来辅助，同时需非常集中注意力，这种高度紧张的状态要求游戏画面内容不能过于烦琐与复杂，需要避免画面的干扰。因此，画面简洁处理也是此类游戏设计的重要因素。

4.7.2 核心机制

即时战略游戏的游戏性与乐趣在于在公平的环境下竞争，如资源公平、地理环境公平等，此类游戏大部分关卡设计为基本对称模式。为了限制游戏时间，此类游戏关卡中加入了可再生资源和不可再生资源，游戏的胜负取决于玩家有效使用资源的能力。此类游戏胜利的条件较为简单，主要有摧毁所有敌方单位或建筑物、先于敌人完成特殊的任务、驻守某块领地一定时间获得胜利，最终杀死敌方领导人（某人物）或摧毁敌方关键建筑获胜。（图4-27）

图4-26《星际争霸》游戏画面

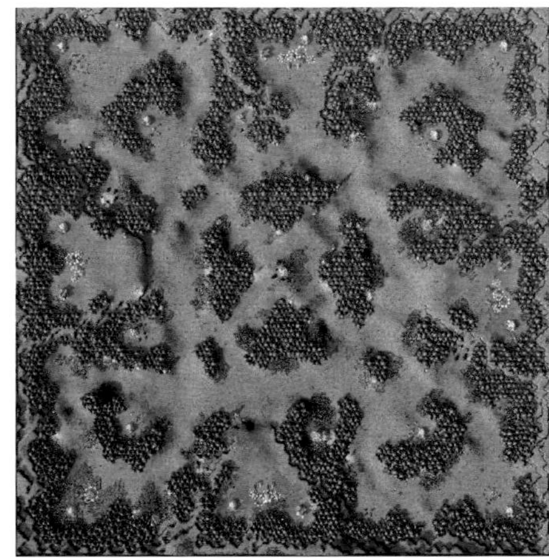

图 4-27《失落的神庙》

图 4-28《红色警戒》

即时战略游戏的游戏性与关卡设计师的关系并不紧密，即时战略游戏数值平衡是最大的难点，包括攻击力、防御力、移动速度等，即使是世界顶级的游戏公司EA推出的著名的游戏《红色警戒》（图4-28）也未能达到较好的平衡性。目前为止，只有暴雪娱乐公司的即时战略游戏《星际争霸》《魔兽争霸》还保持着旺盛的生命力。

4.7.3 关卡设计的流变

作为即时战略游戏的始祖，《离子战机》中玩家通过控制一个单位的运动来进行游戏，它成为日后的鼠标点击操作方式的铺垫。1991年的《海上争雄》，虽缺乏对战斗单位的直接控制，但它仍然提供了对资源管理和经济系统的控制。1992年，由Westwood Studios开发的《沙丘魔堡 2》确立了即时战略游戏的形态，该游戏阐述了现代即时战略游戏中的所有核心概念，例如用鼠标控制单位、资源采集等，这些都是此后的即时战略游戏的原型。《家园》（图4-29）游戏的推出使即时战略游戏进入了三维空间操作模式，此种模式大幅度增加了游戏的难度，降低了即时操作性，游戏的可玩性遭到破坏，最终变成一个花瓶式的作品。《星战前夜》（图4-30）将即时战略游戏的短平快的节奏转换为既有短平快又有长时间休闲状态，并且将即时战略游戏升级成为长期在线的社交网络型游戏，是一个较为成功的作品。

即时战略游戏的发展主要有两个方向，一是更加具有竞技性，二是更加具有社交性，即时战略游戏主要以男性玩家为主，以科幻题材为主要的题材类型。

游戏关卡流变与数字硬件的发展密不可分，每次数字硬件的革新与进步都是全新类型游戏以及全新类型关卡诞生的开始。同时，关卡的变化与人类生活的方式密不可分。随着社会节奏的加快，玩家没有长时间持续感受一款游戏的机会，碎片化的时间特点使玩家群落发生了本质的转变，设计游戏目标群也由原来的精英玩家转向休闲玩家。在这样的社会背景下，游戏关卡的复杂程度逐渐降低，游戏关卡逐渐转变为短平快的模块式组合，一款游戏内会有多种游戏机制与完全不同类型的关卡设计，从而适应快节奏与碎片化的社会生活方式。

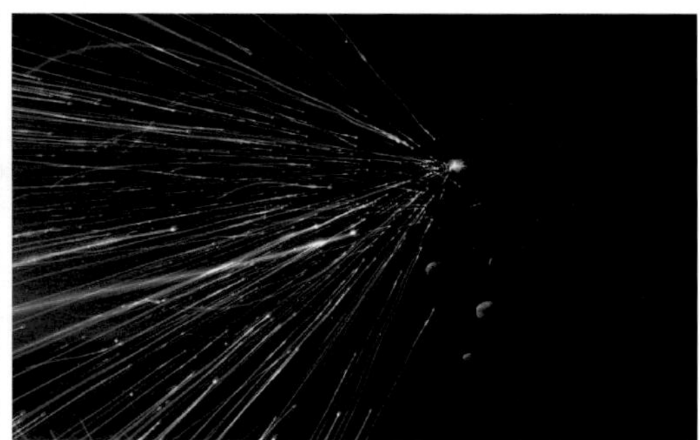

图 4-29《家园》

图 4-30《星战前夜》

教学导引

小结：

本章针对游戏关卡设计的主要类型和流变进行了论述。通过对本章的学习，学生可以对不同类型的关卡特征及流变有全面的认识；根据游戏的流变了解未来游戏关卡设计的发展方向，对不同游戏类型的关卡设计的特点在游戏关卡制作中的作用有深入的认识，为游戏关卡设计打下坚实的基础；学生通过学习建立正确的学习方法和良好的学习意识，并不断地提升自己专业素养和综合能力。

课后练习：

1. 分析两款同类型游戏，拆分其中具体的一个关卡，对两款游戏关卡进行对比分析（游戏机制、关卡构成、地图特点、游戏平衡性，分析寻找此类型游戏关卡之间的相同点和差异性）。

2. 分析一款游戏关卡的迭代与计算机硬件的发展关系以及关卡设计的流变过程（从第一版到最新版所经历的全部版本）。

第五章 游戏关卡设计的心理学基础

游戏心理学基础

普通游戏心理学

游戏心理学对游戏创作的影响

重点：

本章着重讲述游戏关卡设计必须掌握的心理学基础知识，以及心理学基础、普通游戏心理学和游戏心理学与游戏创作之间的关系。

通过本章的学习，学生可以切实地了解游戏关卡设计所需要的心理学类基础知识，通过对普通游戏心理学的了解，为后期游戏关卡设计的制作提供理论指导。

难点：

对普通游戏心理学的深入了解与实际运用能力；能够充分意识到游戏心理学对游戏关卡前期策划的指导作用。

5.1 游戏心理学基础

人类为什么会玩游戏？什么游戏好玩？哪种类型的游戏会使人投入更多的时间与精力？为什么会投入如此长的时间在游戏当中？游戏的乐趣给玩家带来什么心理状态？为什么很多的学生在网吧全神贯注，而学习的时候却心不在焉？为什么游戏痴迷者最终会把游戏的情节带入现实世界做出超乎想象的举动？造成这些心理活动的动机是什么？

神经学家指出，作为一个和谐统一的有机体，人类的意识在多个层面以复杂的形式相互关联，每一个层面的思考都会影响其他层面的局部判断。在产生游戏的过程中，人类的知性和意志虽然无法明显地控制本能的取向，但是，其理性的光辉必须深刻地影响游戏乐趣的多个细节。正如设计学家唐纳德·A·诺曼（Donald Arthur Norman）所指出的：“人类强大的反思水平使我们优越于其他动物，使我们能够克服本能的纯生物水平的支配，能够克服自身的生物遗传。”

5.1.1 生理基础

神经学家保罗·D·麦克林（Paul D. Maclean）提出的三重脑（Triune Brain）模型，对于简单理解游戏的心理与生理动机有着重要的参考意义。麦克林将人类大脑分为三重结构：

爬虫类脑（Reptilian Brain），或曰原始脑（Primitive Brain），它包括了脊髓、脑干、间脑、小脑等神经组织，以一种既定刻板的方式运行，掌握呼吸、心跳、肌肉、平衡等基本生命生活，别名鳄鱼脑。

古哺乳类脑（Paleomammalian Brain），或曰边缘系统（Limbic System），这一脑组织可以进行直觉的价值判断，但只有正向与负向两种简单结果；它激发害怕、高兴、愤怒和愉悦等基本情绪，司掌育幼、攻击、逃避、性等本能行为，别名马脑。

新哺乳类脑（Neomammalian Brain），或曰大脑新皮质（Neocortex Neopallium），是人类大脑的三分之二的物质所在，孕育着人类的智慧与才能，掌管语言、艺术、逻辑、策划、推理等高级思维，是文明与创造的源头，别名人脑。

这三种大脑结构相互影响，协调运作，共同构成了完善的大脑功能，任何一处结构受损都会造成相应的功能障碍。

在此基础上，诺曼指出，人类感受愉悦的情绪对应着大脑的生理结构，也可将其分为本能水平（Visceral level）、行为水平（Behavioral level）和反思水平（Reflective）三种不同的水平。

其中，大脑自动预设好的反应称之为本能水平，本能水平可迅速地对好或坏、安全或危险做出判断。

本能水平是促发游戏动机产生的核心层面，也是游戏带来快感的直接原因。行为水平是控制人类维持日常活动的机制，主要控制知觉、肌肉活动。行为水平是维系游戏持续发生的重要环节。反思水平是人类特有的高层次的意识活动，其中包括沉思、预测、逻辑和内省，以及人类特有的灵感都发生在这一层级。反思水平是游戏体验与游戏乐趣的来源。

本能水平常见于危险发生时，如眨眼，心跳等。蹦极的快感主要来自于本能水平的刺激。快速的下落感激起了原始的自我保护机制，人们本能地感到恐惧或紧张。而反思水平告诉玩家在蹦下去之后所发生的所有事情都是建立在保障人身安全的基础上的。本能水平层次的意识会使人类的肾上腺素快速分泌，从而导致呼吸加快，心跳、血液流动加速和瞳孔放大等生理反应的出现，从而进入极度兴奋的状态，此时愉悦感和兴奋感迅速升级，最终完成一次极限游戏的乐趣（图5-1）。

极限游戏对个体的本能水平要求较高，不同的人群受到刺激后产生的反应不同，如果本能水平远远超过反思水平的制约，人类就会因极度不适应而产生昏厥、抽搐等。

行为水平常见于不断尝试的过程，例如一种熟练使用工具时的体验，行为水平是使玩家持续游戏的重要机制。行为水平是一种熟练施展技能所产生的程序执行状态。最终这种状态会进化为一种节奏感。大部分的节奏感游戏都以这种模式吸引玩家。此类游戏的特点是操作简单，使用门槛低。玩家一旦掌握了游戏的基本规则，便会乐此不疲地继续体验这种行为水平带来的乐趣，典型的例子有：弹钢琴、敲鼓、演奏乐器。在行为水平上，逐渐熟练的过程在某种程度上交织着本能水平，如人类对平衡性的掌握，虽然是逐渐熟练的过程，但在每次重要的时段会产生本能水平的兴奋（图5-2、图5-3）。

反思水平是人类专有的高级知性与美感体验的结合，它是人类特有的本领，也是人类社会划分为不同等级的依据。反思水平最主要体现为排列与组合，如搭建模型、发明创造、归纳星座，以及绘画、雕塑、哲学等。围棋游戏就是反思水平的直接体现，只有黑色、白色两种物件，所有的规则与方式都是经过前人反思而来，而正在下棋的人也时时处于反思状态。反思状态也是游戏联动效应重要的组成部分。（图5-4、图5-5）

图 5-1 蹦极

图 5-2 人对平衡的掌握

图 5-3 人对平衡的掌握

人类的任何活动都同时包含大脑的这三种层面，不同的游戏这三种层面的比重也有所不同，带给玩家的体验也不同，同样，这三种层面发展不同的玩家也会选择不同类型的游戏。年轻的玩家更侧重于第一层，随着年龄的增长则开始侧重于第三层。同样，三个层面发育不同的人也会从事不同类型的工作或玩不同类型的游戏，玩不同类型的游戏或者从事不同类型的工作也会促使这三个层面有不同的发展。（图5-6、图5-7）

图 5-4

图 5-5

图 5-6

图 5-7

游戏是一个创造性过程，可以简单地理解为越喜欢玩游戏的人越具有创造性。影响创造性的主要因素是神经化学递质的传导，目前发现的主要类型有多巴胺（DA）、去甲肾上腺素（NE）、肾上腺素（E）、5-羟色胺（5-HT）也称（血清素）等，毒品属于特殊的刺激类型，但可以产生同样的效果。（图5-8至图5-10）

综上所述，游戏产生的机制受人的生理因素的影响，这为后期人类深入探索游戏心理奠定了坚实的理论基础，也为制作更优秀的电子游戏提供了理论依据。

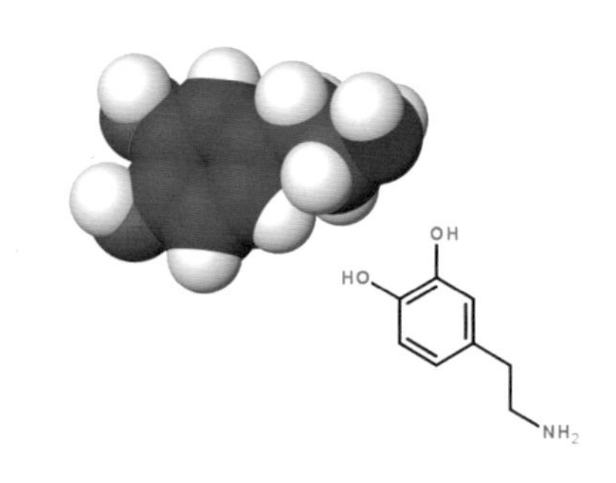

图 5-8 多巴胺（DA）

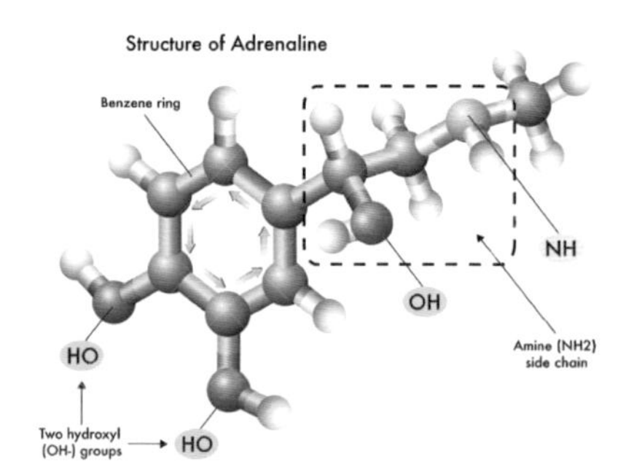

图 5-9 肾上腺素（E）

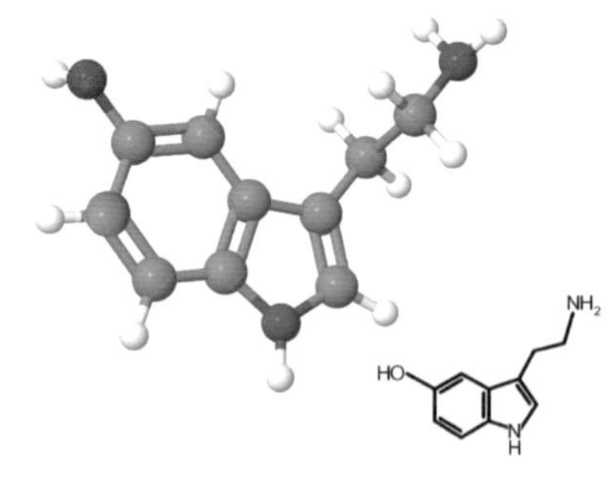

图 5-10 5- 羟色胺（5-HT）

图 5-11

图 5-12

图 5-13

5.1.2 游戏论

20世纪60年代，英国生物学家珍妮·古道尔（Jane Goodall）对黑猩猩进行了10余年的观察，她的一些研究表明，游戏并非人类特有的活动，大多数动物都具有本能游戏性。小伙伴的追逐、相互打闹，就是一种游戏行为，而游戏是动物界学习的重要途径。（图5-11至图5-13）

生物学家约翰·贝叶注意到西伯利亚羱羊的游戏总是选择在坎坷的斜坡或是陡峭的悬崖上进行，他们跳跃、奔跑、追逐，似乎是有意地选择一些具有挑战性的环境，然后借此提升躲避敌害的能力。

弗里德里希·席勒（Friedrich Schiller）认为：动物们因情绪上的欢愉而挥霍过剩精力的活动也是游戏产生的原因。例如，猴子在闲暇的时候折断树枝随之丢弃，但人们并未发现此种行为对动物成长有任何用处。

伊曼努尔·康德（Immanuel Kant）（图5-14、图5-15）在《判断力批判》一书中谈道：总的说来，他把艺术作为人的“感觉的自由游戏”“观念的游戏”，他强调艺术同通常的游戏那样，由于摆脱了实用的与利害的目的，并“从一切的强制中解放出来”，而具有

图 5-14 伊曼努尔 · 康德

图 5-15

图 5-16 席勒 J.C.F

自由、单纯和娱乐的特征。所谓“从一切的强制中解放出来”，也就是说除了自身的目的之外，艺术不从属于其他的目的，如功利的、道德的、认识的目的。所谓“感觉的自由游戏”“观念的游戏”，是指艺术之美感与想象的特点。

康德还从生理与心理方面来谈游戏：“肉体内被促进的机能，推动内脏及横膈膜的感觉，一句话说来，就是健康的感觉（这感觉在没有这种机缘时是不能察觉的）构成了娱乐。在这里人们也见到精神协助了肉体，能够成为肉体的医疗者。”康德还特别强调把赌博排除在“美的游戏”之外。他已经从“精神协助肉体”来说明游戏为艺术的审美特征。

康德在《判断力批判》中说：“人们把艺术看作仿佛是一种游戏。”诗是“想象力的自由游戏”，其他艺术则是“感受的游戏”。

康德的“游戏说”指出艺术活动好像游戏，它带给自身的感受是愉快的，是自由的。他把艺术活动区别于自热活动，区别于手工艺，这抓住了艺术的审美本质。他指出了资本主义的“异化”劳动特征。更进一步地从原理上讲，生物基因携带的信息量尽管惊人，但仍然难以巨细无遗地录入所有大脑将会用到的信息。从石炭纪时的早期爬行类动物开始，脑的绝对信息量就开始超过基因的信息量。因此，对于不同类型的能力，自然界可能采用了不同方式的遗传途径。例如，呼吸、消化、睡眠等原始的机能大都来自先天，是各种生物与生俱来的能力；而复杂的捕猎技巧、社会认知等能力则是通过后天的学习获得的。于是，一些高等生物的部分能力便转而采用更为粗略的遗传描述，只在幼体降生时保留最关键的纲领和脉络，具体细节则需要通过后天的锻炼来进行学习和完善。而这一纲领便是游戏性的基因基础。

席勒J.C.F.（Schiller，Ferdinand Canning Scoot）（图5-16）认为，通过高度的抽象概括，可以分辨出人身上具有的两种对立因素，即人格和状态。二者是绝对的存在，即理想中的人是统一的；但也是有限的存在，即经验中的人却是分立的。人终究不是作为一般的、理想的人存在，相反，而是作为具体实在的人存在的。因此，理性和感性相互依存的本性促使产生两种相反的要求，即实在性和形式性。与这两种要求相适应，人具有三种冲动：感性冲动、理性冲动和游戏冲动。所谓“感性冲动”就是把人内在的理性变成感性现实的一种要求；而所谓“理性冲动”即使感性的内容获得理性的形式，从而达到和谐。

在席勒看来，“感性冲动”和“理性冲动”作为人的两种对立的天性的要求，还是没有统一的，而只有“游戏冲动”才能使这两种“冲动”统一，并进而使人性达到统一。席勒认为，“感性冲动要从它的主体中排斥一切自我活动和自由，理性冲动要从它的主体中排斥一切依附性和受动。但是，排斥自由是物质的必然，排斥受动是精神的必然。”因此，两个冲动都须强制人心，一个通过自然法则，一个通过精神法则。当两个冲动在游戏冲动中结合在一起活动时，游戏冲动就同时从精神方面和物质方面强制人心，而且因为游戏冲动扬弃了一切偶然性，因而也就扬弃了强制，使人在精神方面和物质方面都得到了自由。[1]

关于游戏的各种论调层出不穷，永无止境。人类进行游戏的动机的讨论还在继续，动物界在漫长的自然淘汰过程中，逐渐进化出一套能够用脑内神经化学物质来奖励学习行为的机制。它们基于本能地、固化地将学习与快乐相联系，并在快乐的引诱下，无意识地进行学习和锻炼。这种利用游戏性发展学习的模式巧妙地解决了高等动物的遗传难题，由此，基因信息只需要保留学习的基本模式和相应的奖励机制，就可以把具体的学习内容留给后天的发展。这大大减少了基因所需携带的信息量，而且保证了生存技能的有效传递。

一些学者认为，随着科技的发展，世界上部分发达国家将首先进入休闲娱乐时代。届时，一种以休闲、游戏、娱乐为特征，围绕相关产业和文化，从经济结构、意识观念、发展形态等层面区别于以往模式的新型社会将逐渐形成，呈现于历史的舞台之上。

荷兰的语言学家和历史学家约翰·赫伊津哈（Johan Huizinga）（图5-17）说："在一种高度发展的文明中，游戏的天性会再次全力宣称自身的存在，使个人和群体都沉浸于一个巨大游戏的迷醉当中。"对此历史趋势的预言，本书不敢妄加揣测，不过，由此我们可以看出游戏性潜在的极大力量。

图 5-17 约翰·赫伊津哈

5.2 普通游戏心理学

游戏心理学并非一个单独的心理学门类，它是由多种心理学交织而成的心理学系统，其中主要包括：学习心理学、认知心理学、社会心理学、行为心理学等。游戏心理学研究的内容错综复杂，主要内容是研究玩家的游戏动机、游戏方式对人行为方式的影响、游戏沉浸的原因、玩游戏的过程中情感和意志的状态。

人类意识与游戏的关系，最先提出论断的是精神分析学家弗洛伊德·西格蒙德（Freud Sigmund）。他指出，人的心理包括意识（Consciousness）、潜意识（Subconsciousness）和前意识（Preconsciousness）。其中，潜意识是一种不知不觉地运行意识的底层、无法被本人察觉的精神活动。在人类的生活中，潜意识总是按照"快乐原则"追求满足，其中隐藏着动物性的本能冲动。我们整个的心理活动似乎都是在下决心去追求快乐而避免痛苦，而且自动地受"唯乐原则"的调节。在精神分析学的早期理论中，追求游戏的快乐是潜意识在"唯乐原则"主导下的无意识本能。

弗洛伊德划定的"潜意识"比唐纳德·A·诺曼以及保罗·D·麦克林理论中的"本能水平思考"的概念更加广义、宽泛和松散。"潜意识"不仅代表了本能的简单需要，而且有着"既令人惊奇而又令人迷惑不解的"精神活动，能够以相当的智慧和想象力将本能的愿望曲折地表达出来。

1923年，弗洛伊德在《自我与本我》（*The Ego and the Id*）一书中对上述理论做出进一步完善。他明确提出，人格分为本我（Id）、自我（Ego）和超我（Superego）三个部分。其中"本我"是潜意识的组成部分，不懂得逻辑、道德与善恶，只受"唯乐原则"的支配；而"超我"则根据"至善原则"监督和指导"自我"，以公众认可的道德规范进行活

①（德）席勒．审美教育书简[M]．冯至，范大灿，译．北京：北京大学出版社，1985年：第74页。

动。这一系列下的游戏活动可以这样阐述："本我"催生基础的游戏动机，而"自我"在"超我"的指导下，规范和影响游戏的活动方式。

弗洛伊德认为，成人的游戏更类似于"幻想"或"白昼梦"，是童年游戏的继续和替代。他说："幸福的人从不幻想，只有感到不满意的人才幻想。未能满足的愿望，是幻想产生的动力。"由此，游戏便成为玩家在现实中不能达成的愿望的替代品。游戏特有的自由让"自我"暂时地抛弃顾虑，随性地调节"本我"和"超我"的要求，消除它们之间的矛盾和冲突。从这个意义上讲，游戏使玩家得以逃离现实的强制和约束，为受压抑的或者理想化的愿望提供一个映射的体系，并将之付诸实现。在弗氏的理论中，游戏的对立面不是真正的工作，而是现实。

发展心理学家爱利克·埃里克森（Erik H. Erikson）进一步补充了弗洛伊德的学说。他认为，"游戏可以帮助自我积极主动地发展，进而协调和整合自身的生物因素和社会因素。"游戏中，过去可复活，现在可表征和更新，未来可预期。因此，游戏是一种使身体的过程与社会性过程同步的企图，是一种典型的情景。可见，游戏现象隐喻着玩家当下面临的现实问题和社会环境，游戏中的各种事物被游戏者附加了种种映射和含义，组成了一套符号化的意义系统，并呼应着游戏者的愿望和价值观。

教育心理学家维果茨基（Lev Vygotsky）也持有类似的观点。他认为游戏的本质是愿望的满足，这种愿望来自于游戏者的社会关系或者生活中的触动，累积在不被玩家意识到记忆深处，成为概括化的情感倾向，诱导和影响着游戏的发生。这也说明，游戏与自我愿望、现实意义具有紧密的联系。

在诸多的心理学家的论述中，对游戏心理学最具操作性的是人本主义心理学派奠基人亚伯拉罕·马斯洛（Abraham H. Maslow）提出的理论。

1943年马斯洛在《人类激励理论》一书中提出"需求层次论"。书中将人类需求像阶梯一样从低到高划分为生理需求、安全需求、社交需求、尊重需求和自我实现需求。五种需要按层次逐级递升，但次序不是完全固定的，可以变化。一个国家多数人的需要层次结构，同这个国家的经济发展水平、科技发展水平、文化和人民受教育的程度直接相关。

拉罕·马斯洛需求层次理论简单描述为图5-18。

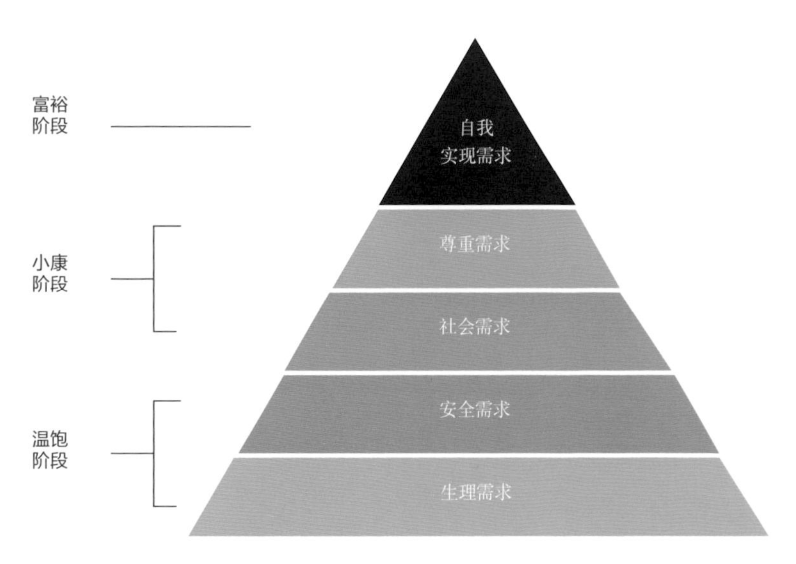

图 5-18 需求层次理论

5.2.1 生理需求

生理需求（Physiological needs），是级别最低、最具优势的需求，如对食物、水、空气、健康的需求。

未满足生理需求的特征：什么都不想，只想让自己活下去，思考能力、道德观明显变得脆弱。例如，当一个人极需要食物时，可能会不择手段地抢夺食物；人们在战乱时，也大多不会排队领面包；假设人为报酬而工作，以生理需求来激励下属。

5.2.2 安全需求

安全需求（Safety needs），同样属于低级别的需求，其中包括对人身安全、生活稳定以及免遭痛苦、威胁或疾病等的需求。

缺乏安全感的特征：感到自己受到威胁，觉得这世界是不公平或是危险的。认为一切事物都是危险需求层次的，而变得紧张、彷徨不安，认为一切事物都是“恶”的。例如，一个孩子，在学校被同学欺负，受到老师不公平的对待，开始变得不相信社会、不敢表现自己、不敢与人交往，而借此来保护自身安全；一个人，因工作不顺利、薪水微薄、养不起家人，而变得自暴自弃，每天利用喝酒、吸烟来寻找短暂的安全感。

5.2.3 社交需求

社交需求（Love and belonging needs），属于较高层次的需求。如对友谊、爱情以及隶属关系的需求。

缺乏社交需求的特征：因为没有感受到身边人的关怀，而认为自己没有活在这个世界上的价值。例如，一个没有受到父母关爱的青少年，认为自己在家庭中没有价值，所以在学校中无视道德观和理性地积极地寻找朋友或是同类；青少年为了让自己融入社交圈中，去吸烟、恶作剧等。

5.2.4 尊重需求

尊重需求（Esteem needs），属于较高层次的需求，尊重需求既包括对成就或自我价值的个人感觉，也包括他人对自己的认可与尊重。

无法满足尊重需求的特征：变得很爱面子，或是很积极地用行动来让别人认同自己，也很容易被虚荣绑架。例如，利用暴力来证明自己的强势，努力读书让自己成为医生、律师来证明自己的价值，富豪为了名利而赚钱或是捐款。

5.2.5 自我实现需求

自我实现需求（Self-actualization），是最高层次的需求，包括对真善美至高人生境界的需求。只有在前面四项需求都能满足的情况下，最高层次的需求才能产生，这是一种衍生性需求，如自我实现、发挥潜能等。

缺乏自我实现需求的特征：觉得自己的生活被空虚感占据着，自己要去做一些在这个世界上身为一个“人”应该做的事，极需能更充实自己的事物，尤其是让一个人深刻地体验到自己没有白活在这世界上的事物。也开始认为，价值观、道德观胜过金钱、爱人、尊重和社会的偏见。例如，一个真心为了帮助他人而捐款的人；一位武术家、运动家将自己的体能发挥到极致；一位企业家认为自己所经营的事业能为这个社会带来价值，或为了比昨天更好而工作。

5.2.6 自我超越需求

自我超越需求（Self-Transcendence needs）是马斯洛在晚期所提出的一个理论。

这是当一个人的心理状态充分地满足了自我实现的需求时，所出现短暂的"高峰经验"，通常都是在执行一件事情时或是完成一件事情时，才能深刻体验到的感觉，通常发生在艺术家或是音乐家身上。例如，一位音乐家，在演奏音乐时所感受到的一股"忘我"的体验；一位画家在创作时，感受不到时间的消逝，对他来说创作的每一分钟，跟一秒一样快，但活得每一秒却比一个礼拜还充实。

当一款游戏以安全保障为前提能够满足玩家基本需求的时候，玩家就会有兴趣投入；在游戏的过程中可以得到尊重，玩家就会得到一定的快乐享受；能够产生良性交互，社会需求能够得到满足，玩家就会在游戏中有较长时间的驻留。在游戏的过程中自我价值的不断体现，可以使玩家投入更多的精力到游戏中，当玩家通过游戏得到自我超越的需求时，就能产生长时间的沉浸状态。

游戏设计的心理模型研究更多地关注社交需求、自我实现需求与自我超越需求，这三点构成了游戏设计以及游戏关卡设计的核心竞争力与核心价值。如何正确使用这几点心理学基础并将其应用到游戏设计中去，是一个游戏制作团队最终的使命。

5.3 游戏心理学对游戏创作的影响

5.3.1 游戏应具有的基本特征

游戏性不是孤立的个人察觉，而是动态的、具有感染力的群体共鸣。游戏以其特有的方式在媒介中传播，凭借无须解释的语境传递友好信息，并通过欢乐和愉悦感染周围的人。在众多对游戏的论述中可以发现游戏具有以下四个基本特征。

1. 挑战性

人类思考和学习的天性与人类通过工具改变世界的方法决定了人类终身学习的生存方式。任何一种学习都是新知识的获取、新规则的引入，时时刻刻充满着挑战。游戏如果没有挑战性，就不符合人类学习的天性。同样，如果游戏过于简单，人类的学习能力得不到发挥，就会对其产生厌烦情绪；游戏过于复杂导致无法找到学习的方法，人们就会放弃这个游戏。（图5-19、图5-20）

2. 积累性

学习是一个积累的过程，在不断积累基础知识后解决更高难度的知识。如果游戏的方式不断发生变化，使玩家无法通过学习次数的增加而获得经验，每次遇到的都是全新的问题，

全新的系统，玩家就会因为没有成就感而放弃游戏。（图5-21、图5-22）

3. 目的性

游戏之所以迷人，是因为游戏世界不同于现实世界，人类从出生到死亡两个接点并没有实际的意义，在人生中很多的事情处于无法判断对错的境地，迷惑、迷惘、焦虑等负面情绪都源于这种特殊的生命形式存在。游戏是以通关为目的，每一个阶段都有明确的目标。如果游戏过程产生过多类似于真实世界的问题，玩家就会放弃游戏。（图5-23、图5-24）

4. 安全性

如果因游戏而不慎受伤或产生本能的厌恶感，大脑的自我保护机制会促使乐趣系统停止向神经化学递质的释放，促使玩家终止游戏。男性玩家和女性玩家对于某些特定情境的喜好具有差异，某些女性玩家往往无法忍受射击游戏中的血腥、暴力画面，不愿涉足参与，而一些男性玩家却往往乐在其中。

图 5-19

图 5-20

图 5-21

图 5-22

图 5-23

图 5-24

5.3.2 游戏对玩家的负面影响

作为自然赋予的天性，游戏造就了人类最快乐的学习方式，也促进了人类体能与智能的发展；在工作中，游戏更是推动着艺术创造、科学探索和体育竞赛等伟大事业的发展。我们认为，游戏有正向的五大主题：公正、自由、创造、发展和学习。

但是，在纯商业利益驱动下的游戏出现了种种异化，不仅为玩家带来了一定程度的困扰，而且在生理层面、精神层面和社会层面给玩家造成了不容乐观的负面影响。

1. 游戏成瘾

游戏成瘾是指玩家过度沉迷游戏，陷于其中而不能自拔。对于自制力较弱的青少年而言，沉迷游戏危害甚大，一些因游戏而荒废学业、生活失常以至于酿成惨剧的事件屡有曝光，游戏也因此有了“电子鸦片”的恶誉。

一般认为，游戏成瘾和普通瘾症具有类似的表现，主要特征有：

（1）较强的耐受性；

（2）明显的戒断症状；

（3）游戏频率提高；

（4）无法控制玩游戏的冲动；

（5）花费大量的时间、精力从事游戏及相关活动；

（6）虽然能够意识到游戏的严重影响，仍然无法克制。

例如，2009年湖北某大学二年级学生小梁因痴迷网络游戏，在网吧连续熬了四个通宵，回到宿舍后猝死。他就是典型的游戏成瘾者。这种痴迷的状态不禁令人想起凡·高（Vincent Van Gogh）在生命的最后几年，为了理想而如癫如狂，甚至为此牺牲一切的状态。可惜的是，小梁的激情完全消耗在了无用的虚拟目标上。

游戏成瘾不仅浪费时间和精力，甚至还会造成人格扭曲。一些家长谈及游戏，往往如临大敌，仿佛游戏和毒品一般，一经沾染，终身为患。（图5-25、图5-26）

游戏成瘾固然可怕，但也并非是不治之症。有关学者指出，游戏成瘾与药物成瘾截然不同。游戏快感源于人体自身的神经递质奖励，其失衡状态可以通过调理得到恢复；而海洛因等毒品的快感源于外界的化学物质，其改变具有物理性。也就是说，游戏成瘾并非药物意义上的瘾症，而是对某种事物过度热衷的极端表现。游戏成瘾是爱好、热衷、沉迷等一系列状态的失衡端点。可以说，游戏的天性在于促进体魄和心智的发展，而游戏成瘾却很大程度上影响了身心的健康，不得不说是游戏性的极大异化。（图5-27、图5-28）

图 5-25

图 5-26

2. 游戏疲劳

游戏的另外一个危害来自长时间的沉浸带来的过度疲劳。

一些玩家反映，过度游戏会导致头晕、失眠、视力下降、食欲不振、背颈部不适等不良反应，甚至死亡。

分析发现，大部分游戏操作都需要长时间地注视屏幕，频繁机械地点击按钮，其间还伴有高强度的注意力集中和情绪波动；再加上游戏的情节悬念迭起，紧张刺激，自控力差的玩家往往欲罢不能。这些因素都促使了疲劳的产生。

但是，不良设计也应负有责任。在商业利益的驱动下，个别游戏开发商不仅不对游戏时间做有效的限制，甚至还有意地延长。例如，很多网络游戏都可以24小时持续不断地进行，而且其中的副本关卡和任务关卡被设计得十分复杂，玩家往往要耗费大量的时间才能完成，再加上漫无止境的升级，使玩家消耗的时间和精力难以估量。

而在传统的游戏中，游戏时间往往受到客观环境、身体反应和人为因素的约束。例如，打羽毛球需要一个适宜的环境和场地，时间过长便会使人产生疲劳，而且对手的个人意愿也起着关键作用。

因此，时间过长是游戏天性的某种异化，不但会造成疲劳和不适，还会浪费大量的宝贵资源。（图5-29、图5-30）

3. 精神扭曲

与身体的疲惫相比，个别游戏对玩家创造能力、自由思想的扼杀，以及对世界的扭曲认识更令人担忧。

例如，少数设计粗劣的游戏只是凭借不断地升级和快速地操作来制造游戏性，玩家身处其间不仅无法开阔视野、获得新知，反而被局限在一个模式简单、思维线性、等级森严的异化世界，久而久之可能会引发自闭心理，与现实世界产生隔膜。

图 5-27

图 5-28

图 5-29

图 5-30

更有极个别游戏策划者企图通过游戏扭曲玩家的价值观，居心叵测。例如，日本光荣公司（KOEI）制作的《提督的决断》系列游戏，其妄图通过所谓的“中立”立场篡改日本战败的历史，美化法西斯主义和军国主义。这种上升到意识形态的异化更是令人无法容忍。与之相反的是，游戏设计大师克里斯 · 克劳福德（Chris Crawford）曾经选择亚瑟王（King Arthur）作为设计题材，但后来发现亚瑟王在历史上是依靠暴政实现统治的，与游戏预想的价值观相左，因而果断地取消了开发。成熟的设计师要十分谨慎地选择题材。（图5-31、图5-32）

综上所述，除了极少数别有用心的案例外，大部分游戏性的偏离都是盲目追求商业利益的结果。例如，套路化的游戏内容、过长的游戏时间、片面地追求刺激性等。可见，行业积弊是造成游戏异化的主要原因，也是制约游戏健康发展的最大障碍。

图 5-31

图 5-32

教学导引

小结：

本章着重讲述游戏关卡设计中所需要的心理学基础知识。在心理学基础部分，主要讲解游戏心理学和普通游戏心理学，简单区分两者的关系，通过学习普通游戏心理学为关卡设计的前期指导打下坚实的基础。本章中引入了普通游戏心理学相关知识，从生理需求、安全需求、社交需求、尊重需求以及自我实现需求与自我超越需求六大方面阐述普通游戏心理学指导的重要作用，认识游戏心理学是游戏关卡创作的理论化指导，掌握普通游戏心理学是关卡设计师研究玩家游戏动机以及游戏方式的前提。具体有关心理学如何指导关卡设计的实施步骤在本章中并没有着重描述，本章对游戏关卡心理学以及游戏的异化进行简要介绍，学生需通过专业的书籍在课后进一步学习，以理解游戏关卡的心理学基础。

课后练习：

1. 根据普通心理学中生理需求、安全需求、社交需求、尊重需求以及自我实现需求与自我超越需求这六大需求对游戏《纪念碑谷》进行分析。

2. 试举例说明游戏挑战性对于游戏创作的影响。

第六章 游戏关卡设计的程序基础

游戏数学基础

游戏物理基础

计算机程序设计基础

数据结构基础

图形学与3D图形技术

重点：

本章着重讲述游戏关卡设计必须掌握的程序基础知识，其中包括游戏数学基础、游戏物理基础、计算机程序设计基础、数据结构基础以及图形学与3D图形技术。

通过本章的学习，学生可以切实地了解游戏关卡设计所需要的基本知识，通过对计算机语言的了解以及对图形学与3D图形技术的认识，为后续关卡的实现提供操作依据，为场景布置打下坚实的基础。

难点：

计算机语言的认识以及简单运用；能够通过学习本章内容充分认识到三维图元与模型在游戏场景中的运用及表现。

6.1 游戏数学基础

数学是计算机科学的基础，也是游戏程序开发的基础，主要分为高等数学（微积分）、线性代数、几何学、概率统计学和离散数学等方向。线性代数与几何学的知识是游戏开发的基础，计算机图形的绘制与开发都是靠基本数学原理完成的。计算机语言是游戏开发的基础，通过使用计算机语言可在计算机内构建一个模拟的游戏世界。游戏世界在计算机中就是一个几何空间的数据，这种表述方式是线性代数与游戏的结合。三维空间以及三维游戏所使用的是线性代数研究的内容：向量、矩阵来描述空间的方向、位置、角度，通过向量与矩阵间的运算来实现空间的规划、物体的移动与旋转、树木的摆放、道具的形式以及人物的运动等。因此，程序在游戏开发中除去计算机科学必需的知识外，更侧重对线性代数与几何学的学习。

6.1.1 左手坐标系和右手坐标系

描述三维空间的方法是定义坐标系。三维空间中的每个物体都具有前后、左右、高低三个轴向上的位置属性，可以用三条相互垂直且具有方向的坐标轴组成笛卡尔三维坐标系来确定物体的空间位置。

笛卡尔三维坐标系又分为左手坐标系与右手坐标系两种。左手坐标系与右手坐标系的区别是坐标系统中*Z*轴的方向。在图左侧的左手坐标系中，*Z*轴指向纸内；在右侧的右手坐标系中，*Z*轴向指向纸外食指与大拇指分别指向*Y*轴与*X*轴。（图6-1）

坐标系用于确定三维技术描述游戏以及虚拟世界的空间基础，游戏开发的前提是了解所使用的图形标准与图形系统采用哪种坐标系。在三维图形开发库的Direct三维空间采用的是左手坐标系，而在第一人称射击游戏《雷神之锤》中，则采用的是右手坐标系。根据以上理论，在使用了不同坐标系的游戏中，向前方投掷的物品可能在另一个坐标系里会被扔到后方敌人的手中。

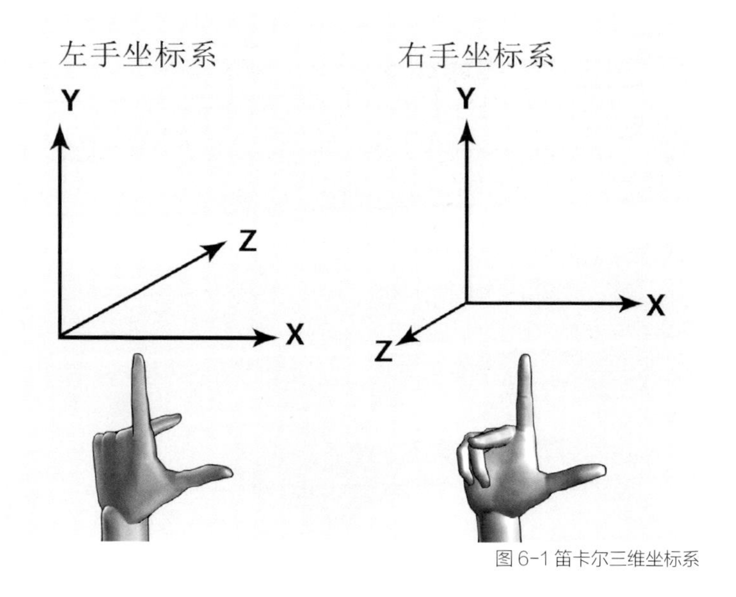

图 6-1 笛卡尔三维坐标系

6.1.2 向量在游戏中的运用

向量（vector）指具有大小和方向的几何对象，向量是游戏图形开发中使用得最多的术语，它常被用来记录位置变化、方向等。

在数学中，向量就是一个数字列表，向量的表示方法通常使用方括号将一列数据组合起来，如[93.04.16]。向量包含的“数”的数目被称为向量的维度。在三维游戏编程时最常用的是三维向量。

向量的使用为关卡设计师提供了描述三维空间方向性的便利。在几何学里，向量是指有向的线段，向量的大小值就是向量的长度。因为向量拥有长度和方向，所以向量在描述几何空间中具有很大的作用。例如，在游戏中子弹发射的方向、道具的朝向、摄像机观察三维空间的方向甚至光线的方向都可以用向量来表达。

6.1.3 矩阵变换在游戏中的运用

在线性代数中，矩阵就是以行和列的形式组织成的矩形数字块。表示方法通常是使用方括号将数字块组合起来。矩阵的维度被定义为它包含了多少行和列。通常使用m × n的形式来表示一个矩阵，其中m表示矩阵行数，n表示矩阵列数。例如，下面是一个3 × 3的矩阵 ***M***（图6-2）。

行数和列数相同的矩阵称为方阵。方阵能描述任意线性的变换，线性的变换包括旋转、缩放、投影、镜像等（图6-3）。游戏中的大量图形变换都是通过矩阵计算完成的。游戏开发中存在大量围绕矩阵概念的综合计算，“游戏数学”作为一个全新的领域，为学者提供了研究方向。

6.2 游戏物理基础

角色扮演游戏题材通常选用虚拟世界作为游戏世界观。但是，角色扮演游戏内容却需基于现实物理理论基础进行设计。例如，子弹在射击墙壁的同时，墙壁需遵守弹性形变规律发生变形。在竞速类游戏当中，赛车的速度、加速度以及风与车之间的摩擦力的关系是建立在现实物理理论的基础上的。

6.2.1 速度与加速度

游戏中物体运动的基本原理是物理原理，物体的运动具有一定的速度与加速度。游戏中玩家视觉上感受到的速度符合物体在现实世界中的运动状态，玩家才能正常判断。例如，预估敌人或弹药的运动轨迹、计算射击位置、控制游戏角色的运动等基本操作。

速度是单位时间内物体移动的距离。例如，一辆汽车在公路上的速度是100km/h，意思就是在一个小时内，汽车可以移动100km。

代码中，速度用计算机与数学语言来描述。结合笛卡尔坐标系的知识，描述物体的位置以及速度。如图6-4所示，在平面直角坐标系中，设某一物体的坐标位置为（A，B），速度设置为每秒P（x，y），则物体在下一秒的位置为：

A=A+X

B=B+Y

三维游戏空间中，同时改变三个坐标值，如玩家的手指按在W键上的时候，程序一直重复上述计算，并可随时改变角色的位置，通过游戏图形系统玩家可观测角色的行驶路线。

速度表示在单位时间内的移动距离，加速度表示单位时间内速度的变化率，是速度的一个变量，物体在空间中移动的速度变化的快慢，物理上用加速度来表示。例如，《极品飞车》（图6-5）系列游戏中，当玩家持续按W键时，车速则会不断地增加。

$$M=\begin{bmatrix} m_{11} & m_{12} & m_{13} \\ m_{21} & m_{22} & m_{23} \\ m_{31} & m_{32} & m_{33} \end{bmatrix}$$

图 6-2 代数

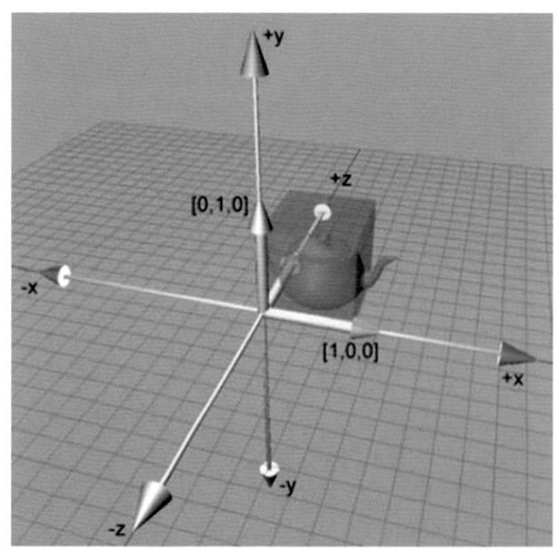

图 6-3 矩形方阵

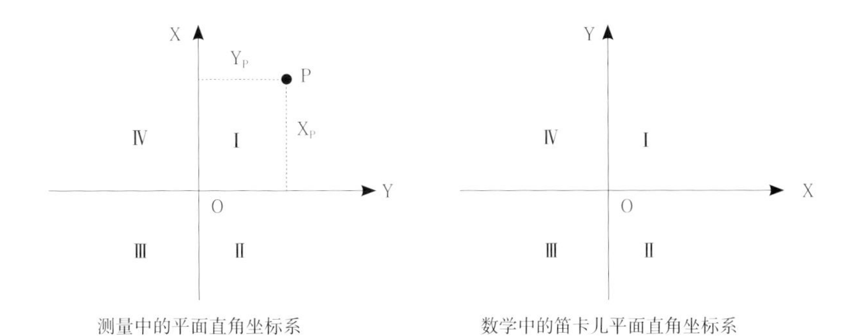

图6-4 笛卡尔坐标系

图6-5《极品飞车》

6.2.2 重力与动量

电子游戏的虚拟世界中，为了呈现物体运动的真实感，物体的速度与重力、动量缺一不可。物体的物理属性能使玩家切身感受物体以及游戏世界的真实。例如，飞驰的汽车、横飞的弹片或是其他现实生活中的物体。游戏中模拟物体的质感，主要通过重力和动量的原理来实现。

重力的体现作为游戏中首要的物理现象，避免玩家在游戏体验中脱离地表，破坏游戏体验感。如NBA等运动类游戏，重力作为游戏体验必不可少的构成要素之一，可使玩家在游戏体验过程中模拟现实世界，产生与现实世界一样的物理现象。（图6-6）

现实生活中，不同质量（重量）的物体运动效果各异。例如，被风以10m/s的速度吹打到额头上的一片树叶与以同样速度砸到额头上的玻璃所产生的效果完全不同；一辆以130km/h的速度行驶的汽车刹车与30km/h的速度前进的自行车刹车所需消耗的力是完全不同的。游戏中不同质量的物体应设置相应程度的虚拟质量，使游戏更具带入感。

动量是物理学的基本概念，在量度物体运动的研究与实验中引入与形成。17世纪初，意大利物理学家伽利略·伽利雷（Galileo Calilei）引入“动量”名词，起初将其定义为物体遇到阻碍时，所产生的效果。经典力学中，动量表示为物体的质量和速度的乘积，是与物体的质量和速度相关的物理量，是运动物体的作用效果，与物体的质量、速度有关。公式如下：

动量=质量X速度

在物理世界中，能量是守恒的，既不会凭空产生，也不会凭空消失，只能由一个物体传递给另一个物体，而且能量的形式也可以互相转换。动量作为物体能量的一种体现，在一个物体碰撞另一个物体时动量也遵循能量守恒定律。当一个系统不受外力或者所受外力的和为零时，这个系统的总动量保持不变，如人在地面上推箱子。

以动量守恒定律为理论依据，可根据碰撞物体重量，碰撞前物体速度、方向等计算物体碰撞后的速度与方向，其最终可模拟真实的碰撞效果。如游戏《横冲直撞 3：毁天灭地》中，利用动量守恒定律模拟真实的汽车碰撞（图6-7）。

图 6-6 篮球比赛重力体现

图 6-7 《横冲直撞 3：毁天灭地》

6.2.3 爆炸效果

爆炸是在游戏中经常出现的物理现象。爆炸会产生无数的碎片，在制作爆炸效果时需要考虑碎片的运动状态。通过对爆炸产生的物理效果进行抽象分析，即可模拟出真实的爆炸效果。

爆炸的过程大致分为两个阶段，第一个阶段是爆炸的瞬间，物体碎裂，每个碎片都受到爆炸源的巨大冲击力，根据动量定理（mv=ft，m为质量，v为速度，f为力，t为时间），物体的速度瞬间增大，碎片所受重力可忽略不计。第二个阶段是爆炸的作用力消失之后，其碎片已经获得了极快的速度，并且受到了重力的作用，物体做自由落体运动。

爆炸初期的效果如图6-8所示，粒子受冲击力的作用呈现放射状运动。第二个阶段，因为爆炸粒子受到的冲击力瞬间消失，粒子受到向下重力的作用呈现自由落体运动（图6-9）。

现实生活中，将物体被瞬间冲破，其碎片散落四处的物理现象称为爆炸。游戏中，可以通过两种表现方法来描述爆炸的效果，一种是静态的表现，利用连续的爆炸图来描述爆炸的过程；另一种是动态的表现，利用粒子（爆炸产生的颗粒）的运动方式来描述爆炸的过程（图6-10），而粒子的运动过程，则利用爆炸碎片的运动规律来描述。

图 6-8 爆炸初期单个粒子及群体状态

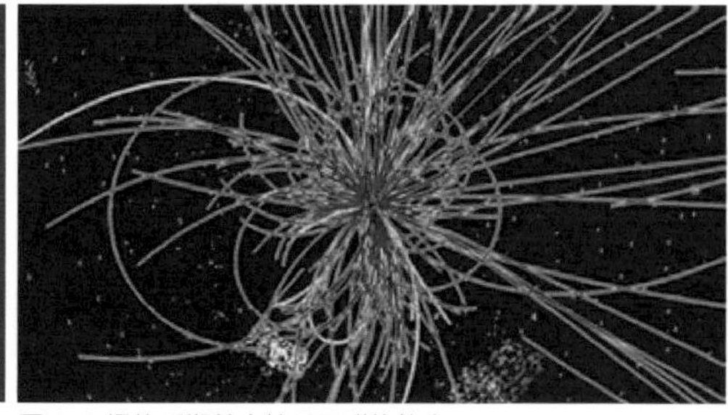

图 6-9 爆炸后期单个粒子及群体状态

图 6-10 游戏中的爆炸效果

6.2.4 反射效果

反射是一个光学术语，指光线在通过两种物质的分界面上改变传播方向又返回原物质中传播（图6-11）。游戏中的反射则是指人或动物通过神经系统，对外界或内部的各种刺激所做出的有规律的反应。

辨别物体在经过反射后的具体方位，只需在其反射运动中，求出物体的反射角，就可以知道物体反射后的方位，如图6-12所示《反恐精英》手雷的反射效果。

随着计算机软硬件技术的高速发展，为实现游戏的真实性，物理知识在游戏中的运用日渐增多，因此，游戏数字物理领域受到更多游戏软件工程师的重视，相应的物理引擎产品也已相继出现。在游戏物理领域甚至出现了人工智能，通过人工智能设计专用物理显卡，提高计算机硬件的速度，以适应游戏中越来越多的物理运算需求，从而呈现更逼真的游戏世界。

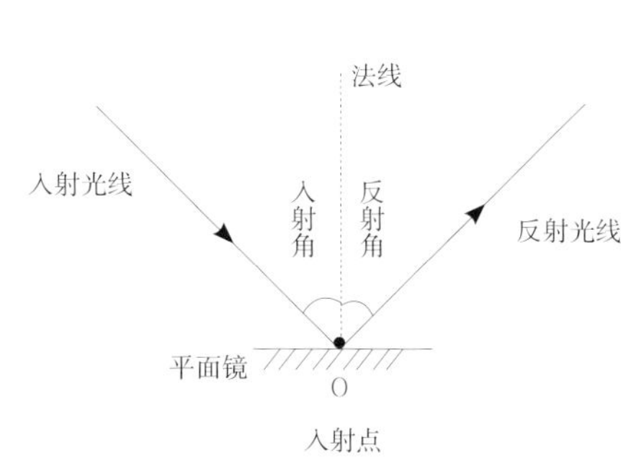

图6-11 反射

图6-12《反恐精英》

6.3 计算机程序设计基础

计算机系统由硬件系统与软件系统两大部分构成。硬件系统是计算机的物质基础，而软件系统是计算机的灵魂，没有软件，计算机只是一台“机器”，无法完成任何工作，有了软件，计算机才能灵动起来，成为一台真正的“电脑”。而所有的软件，都是使用计算机语言编写的。

游戏软件开发人员的程序设计能力决定着游戏具体功能的实现。制作何种游戏，游戏里需要什么内容完全取决于软件工程师的专业技术水平。软件是电脑的灵魂，软件工程师是灵魂的创造者，软件工程师与灵魂对话的方式就是使用高级语言及其编程技能。

不仅如此，作为专业技术人员，除了掌握本专业系统的基础知识外，科学精神的培养、思维方法的锻炼、严谨的做事习惯，以及深入分析问题与解决问题的能力，都是软件技术人员应该具备的基本素养。

6.3.1 程序语言的分类

计算机完成特定功能的一组有序指令的集合称之为软件。计算机所做的每一次动作，每一个步骤，都是按照计算机语言编程实施的。在计算机语言的整个发展过程中，程序设计语言经历了机器语言、汇编语言到高级语言等多个阶段。

1. 机器语言

计算机能直接识别的是电路开关的闭合，开路为“1”，闭路为“0”，由“0”和“1”可以组成二进制代码，二进制是计算机的语言基础。计算机发明之初，二进制语言无法描述复杂的人类语言，人们只能放弃自己的自然语言，用计算机的语言去直接命令计算机，也就是写出一串串由“0”和“1”组成的指令列交由计算机执行，这种语言就是机器语言。

使用计算机语言十分简单，缺点是难以理解、开发效率低下、程序修改错综复杂。由于规范化样本还未形成，每台计算机的指令系统往往各不相同，初期计算机语言几乎完全没有通用性。要想在一台计算机上执行另一台计算机的程序，就必须重新改造程序，这造成了大量的重复性的工作。但机器语言一旦形成就会由计算机自动执行，并且出错率极低，其在运算效率方面是所有语言中最高的。

2. 汇编语言

为了提高程序开发的效率，人们考虑对二进制的计算机语言进行二次编码，使用符号串来替代一个特定指令的二进制数串，比如，用“ADD”代表加法，“MOV”代表数据传递等。将这些符号翻译成二进制数，这种翻译程序被称为汇编程序，这样形成的程序设计语言就称为汇编语言。

汇编语言与机器硬件密不可分，通用性较机器语言有改进，执行率有部分提升，但仍不稳定。二次编码后英文单词的使用大大提高了开发效率。针对计算机特定硬件而编制的汇编语言程序，能准确发挥计算机硬件能力，程序精炼，出错率低。所以在游戏中，有时某些特别强调运行速度的部分会使用汇编语言来开发。

3. 高级语言

计算机高级语言接近于数学语言与人类自然语言，其语句功能完善，易于被人们掌握的同时又不受计算机硬件限制，使用高级语言编写的程序不能直接在计算机上运行，必须将其翻译成机器语言才能执行，这种翻译的过程一般分为解释执行和编译执行两种方式。

1954年Fortran问世，使高级语言完全脱离机器的硬件。在此之后，又出现了上百种高级语言，其中影响较大、使用较普遍并且具有延续性的语言主要有Algol、Coboc、Basic、Lisp、Pascal、C、Prolog、Ada、C++、Java等。

游戏开发语言是多种多样的，使用何种语言主要取决于不同的硬件环境和最终要达到的要求。所有的大型单机或多人在线游戏，都是使用C++编写的。到目前为止，只有C++语言可以完全应用于游戏开发的图形函数库。另一种游戏开发语言J2ME（Java的一个移动开发版本）是近年主流的游戏开发语言，它主要应用于手机游戏的开发。以这两种语言为工具，游戏软件工程师再综合使用各种技术就可以开发出各式各样的游戏类型。

6.3.2 应用得最广泛的程序语言

1. C 语言

C语言是应用得最为广泛、最为成功的编程语言之一。其强大和完善的功能受到了工程师们的欢迎，包括系统软件Unix等都是使用C语言编写而成。C语言是一种面向过程的语言，着重程序设计的逻辑、结构化的语法，按照“自顶向下，逐步求精”的思路逐步分解问题、解决问题。C语言是高级编程语言，它基本使用美式英语的语法，程序员编写代码的过程就相当于是自己思考的过程，例如，语言中的if、else、which等单词的意思与人们生活中所表示的含义是一致的。举例如下：

```
if（tomage>kateage）
{
printf（“tom is old brother！”）；
}
else
{
printf（“Kate is old sister！”）；
}
```

C++程序语言是以C语言为基础，加入面向对象程序设计思想发展而来的语言形式。传统的面向过程语言，如果编写的游戏程序代码量较大，使用C语言编写就会变得十分庞大复杂，难以维护，重用性差，更何况一个由近百万行游戏代码组成的游戏，传统的C语言已经无法满足开发这类游戏的要求。

C++程序语言加入了更多的抽象概念用于显示生活中的人、事、物等实体，在程序中以对象形式加以表述，这使得程序能够处理更复杂的行为模式。另一方面，面向对象程序在适当的规划下，能够以编写完成的程序为基础开发出功能性更复杂的组件，这使C++程序语言在大型程序的开发上极为有利，主流的大型游戏几乎都是使用C++程序语言开发的。

C++程序语言所编写出来的程序有可以调用操作系统所提供的功能，师出同门，早期的部分操作系统是使用C/C++程序语编写，因此可以调用Windows API（Application Programming Interface，应用程序编程接口）、DirectX功能等。C++程序语言允许程序开发人员直接访问内存，能进行“位”（bit）的操作。因此，C++程序语言能实现汇编语言的大部分功能，可以直接对硬件进行操作，对多种复杂情况，尤其是对游戏的开发十分有利。不论从图形开发，还是从游戏的效率方面考虑，都有一些效果必须通过底层（系统层）方法来实现，都需要程序语言能够直接操作内存。（图6-13）

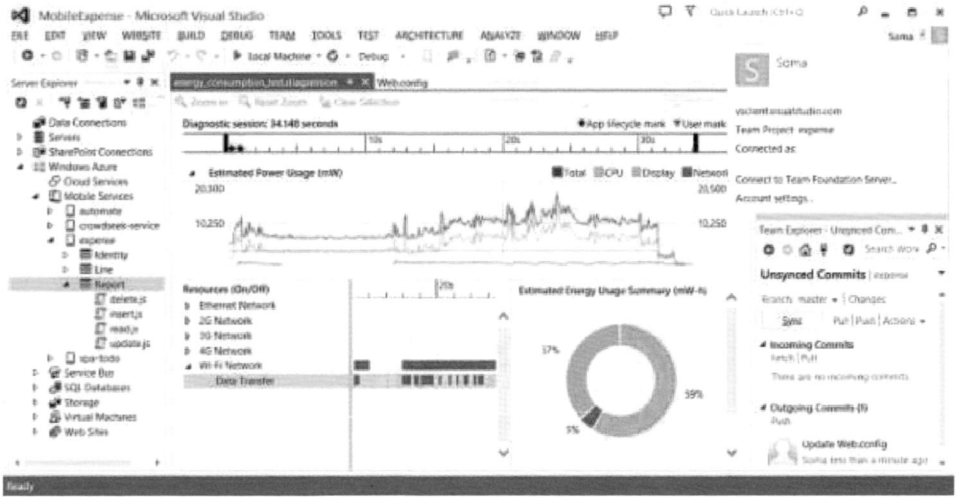

图 6-13

2. Java 程序语言

Java程序语言首先由Sun Microsystems（已被甲骨文公司收购）提出，Java程序语言具有跨平台功能，这一优势随着互联网的普及逐步扩大。跨平台功能是指Java程序语言可以在不重新编译的情况下，直接运行于不同的操作系统上。这个机制可以运行的关键在于“字节码”（Byte-code）与“Java虚拟机”（Java Virtual Machine，简称JVM）的共同配合。（图6-14）

Java程序语言在编写结束之后，首次使用编译器编译程序时会产生一个与系统平台无关的字节码文件（扩展名*.class）。字节码是一种类似于机器语言的编码，用于说明将要执行的操作。而要执行字节码的计算机上必须有Java虚拟机（一种软件），虚拟机根据不同系统的机器语言对字节码进行第二次编译整理，使其成为该系统可以理解的机器语言，并加载到内存执行。

Java虚拟机通过构建操作系统上的一个虚拟机器来实现程序的跨平台运行，程序设计人员只需针对这个执行环境进行程序设计，不用过多地考虑虚拟机之间的交换问题，大幅度降低了程序员的工作强度，通过建立Java虚拟机很好地保证了程序在不同平台的可移植性。

在经历数个不同版本的改进与功能加强之后，Java程序语言在绘图、网络、多媒体等方面都通过增加API功能库而得到了能力扩展，甚至涉及三维领域。J2ME的出现，使许多手机程序与游戏也逐渐开始使用Java程序进行开发，于是Java真正进入了游戏业。

J2ME是Java2微型版的缩写（Java 2 Platform Micro Edition），作为Java2平台的一部分，包括J2ME与J2SE（Java 2 Standard Edition）、J2EE（Java 2 Enterprise Edition），J2ME为无线应用的客户端和服务器端提供了完整的开发、部署环境。

目前，大部分的智能手机都支持J2ME。由于Java比SMS（短信息）或者WAP能更好地控制界面，允许使用子图形动画，并且可以通过无线网络连接远程服务器，这使它成为目前最好的移动游戏开发环境。J2ME逐渐成为一个被广泛应用的行业标准语言（图6-15）。

6.4 数据结构基础

数据结构是所有编程的基础，也是游戏软件开发的基础。数据结构作为一门学科，主要研究的内容为：数据的逻辑结构，数据的物理存储结构，对数据的操作（或称为算法）。通常，算法的设计取决于数据的逻辑结构，算法的实现取决于数据的物理存储结构。

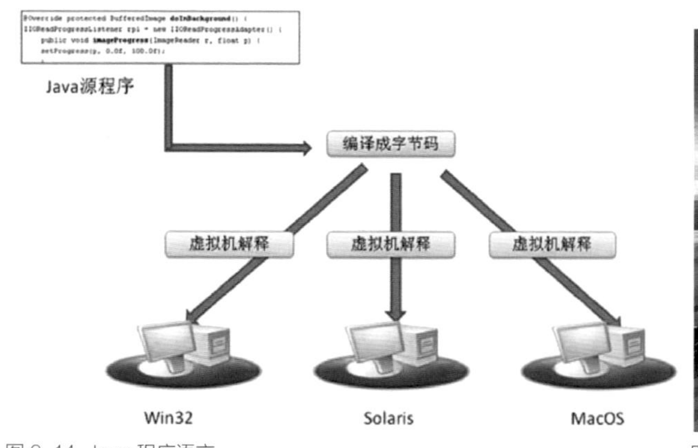

图 6-14 Java 程序语言

图 6-15 使用 Java 程序语言开发的 3D 手机游戏

在类似《穿越火线》的多人联网游戏中，要存储玩家的列表，首先要考虑的就是逻辑结构，例如，是使用一个按玩家加入顺序列表的一维队列还是使用一个二维表格存储。其次，同样逻辑结构的玩家列表在内存中也会有不同的物理实现，例如，是在内存中连续存储还是分散存储。不同的逻辑结构和物理存储结构同时对操作的要求有所影响。对于某些适合随时添加或删除数据的存储结构，可以用来存储玩家列表，因为玩家可以随时加入或离开；对于某些适合存储和访问大量的数据而不适合随时改变的存储结构，就用来存放大量的游戏静态数据，如关卡地形。

6.4.1 数据的逻辑结构

数据结构按逻辑结构的不同分为线性结构和非线性结构。

线性结构的逻辑特征：若结构是非空集，则有且仅有一个开始结点和一个终端结点，并且所有结点最多只有一个直接后续。（图6-16）

非线性结构的逻辑特征：一个数据元素可能有多个直接前驱和多个直接后继，典型的结构类型为树状结构、二叉树结构等。非线性编辑有更强的扩展能力与组合能力，但是出错概率较大。（图6-17）

6.4.2 线性结构——队列和栈

队列和栈从逻辑上讲它们都属于线性结构，通常称它们为线性表，它们是线性结构中的两种典型情况。

1. 队列

队列是一种先进先出的线性表达。它只允许在表的一端进行结点插入，而在另一端执行结点删除，允许插入的一端称为队尾，允许删除的一端则称为队首。如日常生活中的排队，最早入队的最早离开，就是先进先出，如图6-18所示。

游戏《反恐精英》（图6-19）中的枪械朝墙壁或地上射击的时候会留下弹孔，这种效果增加了游戏的真实感。但任何效果的实现都是需要消耗内存的，因为要完成弹孔的显示就需要存储全部弹孔的位置信息，如果游戏中弹留下的弹孔都被全部显示出来，那将消耗大量内存空间，这将对游戏硬件平台带来压力。《反恐精英》中弹孔的数量实际上是有限的，当达到一定数量后，最先留下的弹孔将消失，这就是典型的“先进先出”，也是队列在游戏中最典型的事例。

图 6-16 LED 灯芯是线性结构

图 6-17 菱形编队的机群属于非线性结构

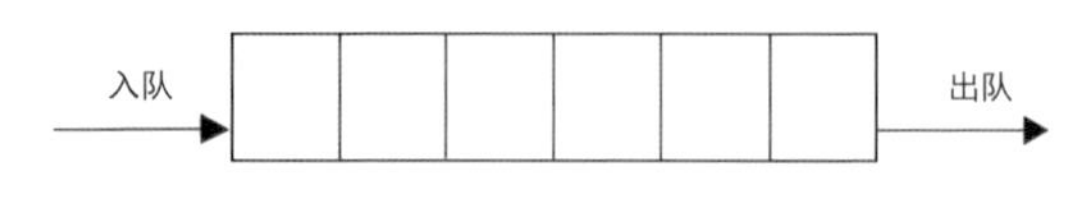

图 6-18 队列

图 6-19 弹孔的处理应用了队列结构

2. 栈

栈是仅允许在表的一端插入和删除的线性表。栈的表尾称为栈底，表头称为栈顶，可以把栈看成一个只有一端开口的容器，取出元素的口和放进元素的口是同一个口。这样先放进去的元素只能在后放进去的元素后取出，这是栈的特性——先进后出，如图6-20所示。

一般的软件都提供了UNDO功能，即用户可以按顺序撤销自己曾经进行的操作，撤销是以先后顺序为主，这是典型的先进后出，是栈的应用实例。

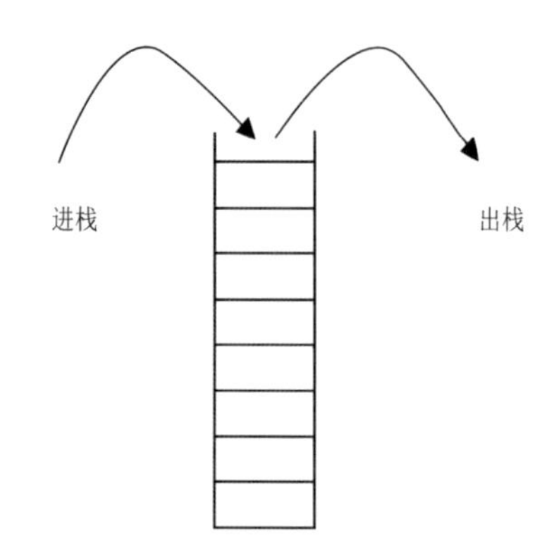

图 6-20 栈元素的进入和取出

6.4.3 非线性结构——树与二叉树

1. 树

树是一种应用得十分广泛的非线性结构。游戏中的许多技术都要使用到树，例如，对弈游戏、人工智能中的AI算法等都需要用树来实现。

树是n（n>0）个结点的有限集合T，在一棵非空树中有且仅有一个特定的结点称为树的根，当n>1时，其余结点分别为m（m>0）个互不相交的集合T1，T2，T3……Tm。每个集合又是一棵树，称为这个根的子树。

树的定义是一个递归的严格形式化的定义，即在树的定义中又使用了“树”这个术语，但这也是树的固有特性。下面通过图6-21来了解树的定义，在此图中的树T中，A是根结点，其余结点分成3个互不相交的子集，并且它们都是根A的子树。B、C、D分别为这3棵子树的根。而子树本身也是树，按照定义可以继续划分，如T1中B为根结点，其余结点又可分为两个互不相交的子集。显然T11、T12是只有一个根结点的树。对于T2、T3可做类似的划分。由此可见，树中每一个结点都是该树中某一棵子树的根。

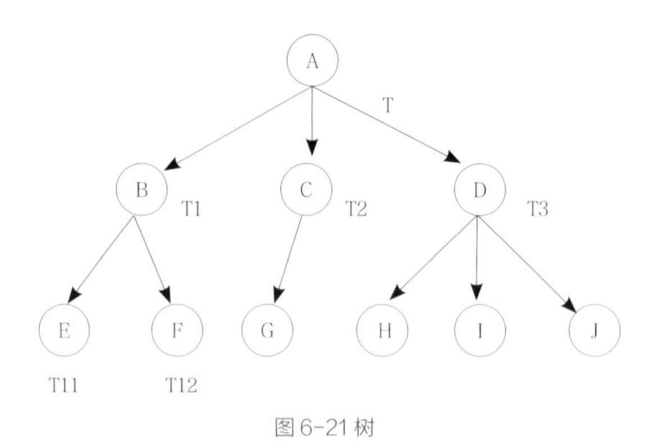

图 6-21 树

2. 二叉树

树形结构中最常用的是“二叉树”（Binany Tree）。二叉树的定义是n（n>0）个结点的有限集合，它或为空二叉树n（n=0），或由一个根结点和两棵分别称为左子树和右子树的互不相交的树组成，如图6-22所示的是一棵二叉树，其中A为根，以B为根的二叉树是A的左子树，以C为根的二叉树是A的右子树。

虽然二叉树与树都是树形结构，但是二叉树并不是树的特殊情况，它们的主要区别是：二叉树结点的子树要区分左子树和右子树，即使在结点只有一棵子树的情况下，也要明确指出该子树是左子树还是右子树，例如图6-23中（a）和（b）是两棵不同的二叉树，但如果作为树，它们就是相同的了。

二叉树常常应用于查找、压缩等算法中。在三维图形算法中，最普通的应用就是空间分割上的二叉树和八叉树分割算法（图6-24）。

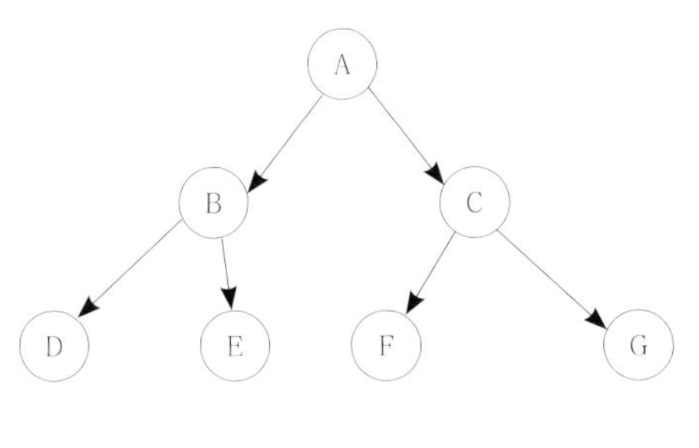

图 6-22 二叉树

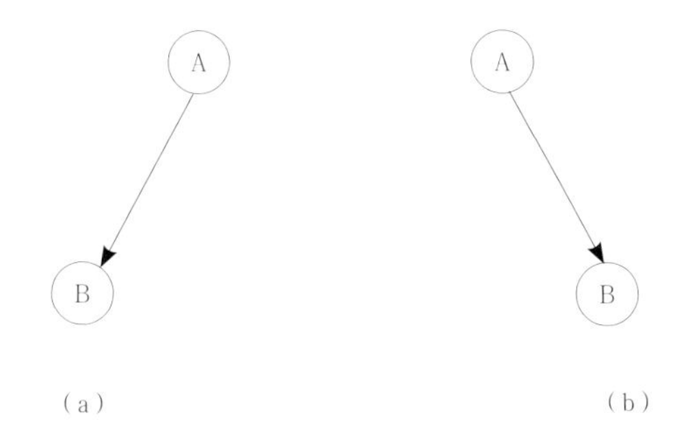

图 6-23 两个不同的二叉树

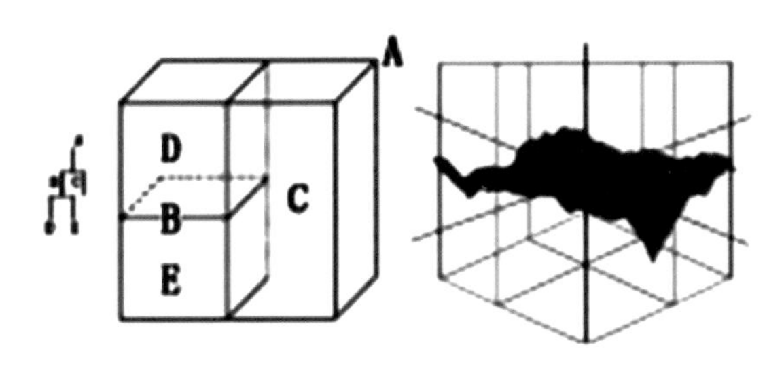

图 6-24 八叉树分割算法

6.4.4 算法

算法是对数据的操作方法。数据采用任何形式的逻辑结构和物理存储结构都会存在对数据的排序、查找、修改、添加和删除等操作。数据采用的逻辑结构和物理存储结构不同，算法也会为之改变，例如，在顺序存储结构和链接式存储结构的中间插入数据的效率就有非常大的差距，所以算法是与数据结构相关的。游戏中的各种数据会采用不同的数据结构，程序员应掌握不同的算法以提高程序的执行效率。

6.5 图形学与 3D 图形技术

电子游戏作为一种交互软件，早期是以文字交互为主，如文字MUD等类型的游戏。随着Windows平台以及计算机图形硬件技术的发展，游戏由文字交互发展到了图形时代。现在，3D图形技术转变为游戏程序开发的核心，游戏的开发与3D计算机图形学密切相关。

6.5.1 三维图元与模型

在三维世界中，组成场景最基本的元素称之为图元。最基本的图元包括点、线、三角形、多边形（由多个三角形组成）等，三维游戏中最常使用的图元是三角形，在最常用的3D建模软件3ds Max中大量的三角形围着一个闭合体就构成了三维物体模型。在三维软件中任何的线、三角形与多边形都需要“点”才能定位，这些定位的点称为“顶点”。在3D虚拟世界中的物体是由顶点的集合而定义的。多边形网格模型是一系列多边形的集合，如果组成网格的所有多边形都是三角形就叫作三角形网格。三角形网格是面的基本元素，是游戏中最常用的模型表示方法，其他表示方法的模型都可以被转换为三角形网格。而显卡以及底层图形API也只直接支持三角形的处理，通常评价显卡性能的标准就是它的三角形绘制能力（几十万到几百万个三角形每秒）。其他建模方式最终都会由后台程序转换为三角形网格。

曲面模型是另一种常见的模型表示方式，曲面模型又称之为NURBS建模方式。与多边形模型相比曲面模型优势如下：

（1）曲面模型的描述更为简洁，使用数学方程式来描述类似于矢量图形的描述。

（2）曲面模型表面更加平滑、细腻，使用曲面计算，没有明显的转折痕迹。

（3）存储空间小，只需要存储数学公式与关键点加以计算，大幅度减少了数据的储存。

（4）动画和碰撞检测更简单和快捷。

目前，大部分主流显卡已经通过各种方法提供了多边形模型与曲面模型的相互转换，但是三角形网格建模仍然是游戏开发中最主要的创建模型的方法。

6.5.2 应用材质与贴图

为了使三维世界更加真实，计算机图形学参照现实世界引入了材质与贴图的概念。材质类似于现实世界中的材料，比如布料、铁等，而贴图类似于相对某种材质的颜色或者说是花纹。例如，一块金属，有它自己的特性，受光以及反射周围光的程度等的影响，这就是材质的基本特性。有了金属后，我们可以对其进行加工，如印上花纹，这就是三维世界中的纹理贴图。

6.5.3 光照计算

材质定义了一个表面如何反射光线，为光照计算提供了基础。虽然光线并不是场景所必需的，但是没有光线将使观察场景变得非常困难。如果在处理光线的同时，加上对场景中阴影的处理，而且灯光的位置与材质特性符合现实中的要求，那么，整个三维场景将会变得异常真实（图6-25）。

图 6-25 场景中阴影的处理

教学导引

小结：

本章着重讲述游戏关卡设计中所需要的程序基础，在程序基础部分，主要讲解计算机语言编写、图形学与3D图形技术，应了解图形学与3D图形技术在游戏场景中的具体运用。在本章中引入游戏关卡设计的基本程序，了解游戏数学基础是游戏程序开发的基础，认识游戏物理基础在游戏特效里的运用，而具体程序在游戏中的实施步骤在本章中没有着重描述，本章仅对游戏关卡设计的程序基础的构成作简要介绍，学生需通过专业的书籍在课后进一步学习，了解游戏程序基础在游戏关卡中的具体运用。

课后练习：

1. 以游戏物理相关基础知识对一款角色扮演游戏的其中一个标准关卡进行分析，了解游戏物理基础在游戏中相对应呈现的物理效果。

2. 以图形学与3D图形技术中三维图元与模型知识点，对《孤岛危机》游戏中的一个标准关卡进行分析。

第七章 游戏关卡设计的美学基础

园林设计

景观设计

重点：

本章着重讲述游戏关卡设计必须掌握的美学基础知识，主要包括园林设计与景观设计两个部分的内容。

通过本章的学习，学生可以切实地了解游戏关卡设计所需的美学基本知识，通过对园林设计以及景观设计的了解，为后续游戏关卡中设计的场景布置打下坚实的基础。

难点：

园林设计的全面了解与运用能力；能够充分认识园林设计的四大类型与设计原则；景观设计中关于设计原则的理解与掌握。

7.1 园林设计

园林设计的基本理念与构成方法对于游戏关卡的设计美感起着重要的作用，理解园林设计的基本理念与园林设计的构成方法对于关卡设计师设计游戏视觉关卡具有指导意义。

游戏关卡设计操作过程中，鸟瞰的景观方式最接近中国园林设计的基本方式。在即时战略游戏中大多采用鸟瞰的景观方式，这种景观方式使山川的分布、资源的摆放、树林的形状都一目了然。自然的美感与人为的审美修饰永远是关卡设计师追求的目标。所以，学习园林设计的相关知识就显得尤为重要。

园林设计，在中国又被称为“造园”，是指在特定的地域范围内，运用园林艺术和工程技术手段，通过改造地形地貌、种植景观植被、营造建筑和布置园路等途径创造美的自然生活环境和游憩境域的过程。通过园林设计，使环境具有美学欣赏价值和日常使用的功能，并能保证生态可持续性发展。

中国的园林设计，重在体现中国传统文化天人合一的精神内涵，表达人与自然和谐相处的意蕴。其设计方式与思想更多为对意向的表达，需要我们身处其中，并慢慢体会。

7.1.1 中国园林的基本类型

1. 自然式园林

自然式园林又称为风景式、不规则式、山水派园林。自然式园林在我国的历史悠长，以周秦时代为起点发展至今，从大型的帝皇苑囿到小型的私家园林，多以自然式山水园林为主。自然式园林的显著特征体现在观者在其中犹如置身于大自然，足不出户便可游遍名山名水。绝大多数古典园林都是自然式园林，古典园林以北京的颐和园、“三海”园林，苏州的拙政园、留园为代表。（图7-1、图7-2）

自然式园林的布局方式在国内角色扮演游戏中最为常见，游戏中地形地貌的设计、建筑的样式特点与布局规划、植被的选用法则，以及具体的空间布局都依赖于自然式园林的布局理念。

（1）自然式园林的特点

①地形地貌

平原地带的自然式园林地形为自然起伏与人工堆砌的土丘相结合，地形的断面为平缓的曲线。山地与丘陵地区的园林主要利用自然地形地貌，将原有的较为碎片化的地形地貌加以人工整理，使其贴合自然的同时又符合视觉审美情趣。

根据地形地貌的高低起伏，水体轮廓为自然的曲线，岸为各种自然曲线的倾斜坡度，如有驳岸也是自然山石驳岸。园林水景的类型以溪涧、河流、自然式瀑布、池沼、湖泊等为主，常以瀑布为水景主题。

在游戏关卡设计中，平原地带的设计应加入更多的地形变化，山丘与山地应呈线性排列，高低起伏，山脊线与湖泊边缘应相互呼应。

②建筑特点

园林内个体建筑为对称或不对称均衡的布局，而建筑群和大规模建筑组群多采取不对称均衡的布局。园林中自然形的封闭性的空旷草地和广场，被不对称的建筑群、土山、自然式的树丛和林带包围。道路平面和剖面由随着不同地形地貌自然起伏的平面线和竖曲线组成。

在游戏关卡设计中，建筑群落的设计应遵循中国园林的对称或不对称均衡的布局，在对称中加入变化，在不对称的布局中应多采用相同的建筑元素，使人为的建筑群落在自然景观中错落有致并更具整体性。

③植被

自然式园林内植被的种植呈不规则分布状态，以反映自然界植物群落的自然之美。花卉不采用模纹花坛的布置形式，而是以自然的花丛、花群为主。树木配植以孤立树、树丛、树林为主，不以规则修建的绿篱为栏，自然的树群通过合理布局，带来划分园林区域和组织园林空间的效果。

在游戏关卡设计中，应遵循园林设计中植物群落特点与自然状态相结合的方法，应根据色彩、形状对不同植被的具体摆放位置进行有节奏的分配，对植被自然生长状态中的形态不予以过多的干涉，使整体环境既有人工设计的层次感，也有自然野趣的生机勃勃感。

（2）自然式园林的设计要领

①整体布局

自然式园林采用全景式仿真自然或浓缩自然的构园方式，没有明确的林冠线、建筑、道路等规则性布局，讲究非对称的自然美感。布局上巧用高低起伏的地形地貌，因山就势，明确分区，借助自然和野趣的风景，使园林与自然景观和谐地融为一体，运用楼、台、亭、阁、堂、馆、轩、榭、廊、桥、舫、照壁、墙垣、梯级、磴道、景门等作为相关建筑设计的元素，达到回归自然的境界。

在游戏关卡设计中，对林冠线的合理运用可以使游戏视觉关卡变得更为丰富多样。自然与建筑道路等整体布局应注意建筑群与自然景观相互映衬，建筑根据高低起伏的地形顺势而建，达到自然景观与建筑群落合二为一的整体环境效果。

图 7-1 北京颐和园

图 7-2 苏州留园

②建筑空间

楼、台、亭、阁、堂、馆、轩、榭、廊、桥、舫、照壁、墙垣、梯级、磴道、景门等都是自然式园林的基础建筑。每一种建筑都为景观的一个节点，设计者通过运用借景、组景、透景、隔景等设计手法，将不同建筑与天、水、气、山、地等进行串联，最终形成一个完整的自然式园林景观，其建筑的整体特点遵循点、线、面、起、承、转、接，细部处理手法都较为接近，只有特殊的地理环境会衍生出特殊的建筑结构，但基本的建筑类型都包含在内。

在游戏关卡设计中应合理并具体深入地了解每个建筑的特点，并且了解每种建筑在整个历史中的形态变化。

③空间拓展

情怀空间的拓展为自然式园林空间拓展的主要形式。置身于自然式园林，通过楼、台、亭的高、中、低三种视角的变换，感受不同层次的空间变化以及与自然融合的三种不同方式。

在游戏关卡设计中，空间的拓展更多的是掌握玩家的心理状态并且能够使玩家的心理空间在合适的时机得以释放。理解并掌握空间拓展的方法，随着玩家对不同建筑空间的探索，以及周围可视环境的变化给玩家带来的情感体验，时刻为玩家营造舒心、自然的游戏氛围，如登上楼台呈现在眼前的是开阔的园林全景，误入幽径可见树影斑驳中隐现的休憩亭子等。

承德避暑山庄是自然式园林的代表之一，它按照地形地貌特征进行选址和总体设计，借助自然地势，因山就水。避暑山庄分宫殿区、湖泊区、平原区、山峦区四大部分。宫殿区的北面为湖泊区，湖泊面积（包括州岛）约占43公顷（1公顷=10000m^2），其中的8个小型岛屿将湖面分割成大小不同的区域，层次分明。湖区北面的山脚下为平原区，地势开阔，东部古木参天，具有大兴安岭莽莽森林景象。避暑山庄的西北部为山峦区，面积约占全园的五分之四，这里山峦起伏，沟壑纵横，众多楼堂殿阁、寺庙点缀其间，具有北方山区层峦叠嶂的壮丽景象。（图7-3）

在游戏《英雄无敌3》中，关卡地图的设计参照了自然式园林的设计方式。如图7-4，此地图关卡由5个岛屿组成，采用了以中间岛屿为圆心，四周岛屿呈对角对称分布的格局。中间岛屿采用四面环水、后方丘陵、前方平原的地形布局特点，整块区域以中间岛屿为核心，四周岛屿环绕、植被稀疏，中间岛屿林木茂盛绿树成荫，城堡周围三面环山，形成依山傍水的园林局势。城堡后方丘陵环绕，山势起伏跌宕。整个小岛被不对称的建筑物、山丘以及自然式的丛林和林带包围。

图 7-3 承德避暑山庄

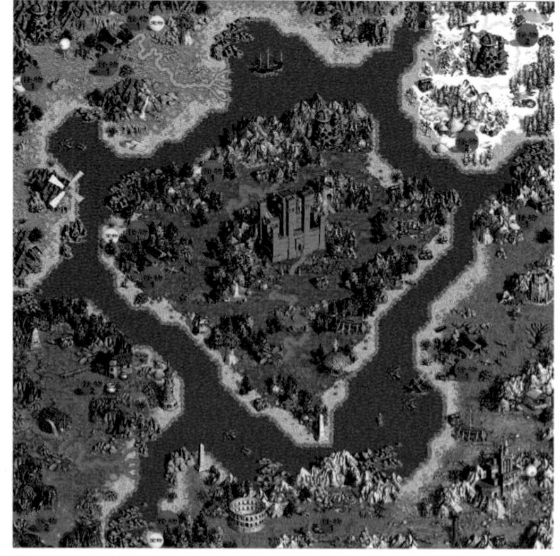

图 7-4《英雄无敌 3》关卡地图

2. 寺庙园林

寺庙园林，指佛寺、道观、历史名人纪念性祠庙的园林。寺庙园林狭义上指方丈之地，广义上则泛指整个宗教圣地，其实际范围包括寺庙周围的自然环境，是寺庙建筑、宗教景物、人工山水和天然山水的综合体。寺庙园林中以苏州西园寺和北京西山八大处公园为代表（图7-5、图7-6）。

寺庙园林是国内角色扮演游戏中常用的一种园林设计方式。寺庙园林在游戏关卡设计中的运用，常常弱化其宗教色彩，增加寺庙园林整体氛围给玩家带来的超脱感受。

（1）寺庙园林的特点

①地形地貌

寺庙散布的区域较为广阔，寺庙园林的选址通常在自然环境优越的名山胜地。寺庙园林的营造注重因地制宜，扬长避短，善于利用寺庙所处的地貌环境。利用自然景貌，如岩洞、溪流、清泉、深潭、奇石、丛林、古树等要素；利用人造景观，如桥、亭、廊、舫、堂、阁、佛塔、经幢、山门、院墙、摩崖造像、碑石题刻等相互组合，相互映衬，创造出富有天然情趣、带有或浓或淡宗教意味的园林景观。

②建筑特点

寺庙园林因为其主要占据名山大川，如泰山、武当山、普陀山、五台山、华山等宗教圣地，空间体量极大，视野开阔，具备了深远、丰富的景观和空间层次，其建筑主要起画龙点睛的作用，在整个山川中根据地势特点与佛教文化安排不同的亭台楼阁分布于山川景色之中，若隐若现。

（2）寺庙园林的设计要领

①整体布局

寺庙园林共分为宗教活动与日常生活两大区域。宗教活动区域由供奉偶像、举行宗教仪式的殿堂、塔、阁组成，采用四合院或廊院格局，四周院墙呈中轴对称，各个隔间的分布规整有序，营造出神圣、庄严肃穆的氛围。寺庙的宗教活动区在布局上大多与寺庙的园林部分相隔离，有时也采用空廊、漏花墙设计，让园林景色渗透进来。（图7-7）

图 7-5 苏州西园寺

图 7-6 北京西山八大处公园

②建筑空间

寺庙的建筑形式比较固定，主要包含塔、庙、寺、大殿等。时代的变迁会促使寺庙建筑发生演变，但其主要的功能没有发生大的变化，在建筑的结构上也较为固定。建筑体量在整个大山的对比下显得极为渺小，能够正确地运用地势与植被分布，将这些人为的点加入大自然的环境中，并能够通过点的作用体现宗教文化的特点是寺庙建筑的核心理念。（图7-8）

③空间拓展

寺庙园林设计主要依赖自然景貌构景。其空间的拓展主要采用人为景观结合自然景的方式。以园林构景于段，改变自然环境空间散乱无章的状态，加工剪辑自然景观，使环境空间上升为园林空间。善于控制建筑尺度，掌握合适的建筑体量；运用质朴的材料与素净的色彩，造就素雅的建筑格调，将人与自然完全融合，从而达到超脱的境界。如北京的永安寺是寺庙园林的典型案例之一，永安寺依山势而建，整个寺庙分为三层。建筑与山顶的白塔形成一条轴线，营造出宗教所特有的神秘庄重的氛围。（图7-9）

在游戏关卡设计的过程中，寺庙园林样式较为固定，只需掌握基本的建筑造型特点，而寺庙园林的难点是将不同的建筑置身于整体的自然环境中，使自然环境得到升华。

玄幻类题材的游戏中寺庙园林的景观较为多见，其中虽然带有夸张的成分但在整体布局上基本遵循寺庙园林景观的布局方法。（图7-10）

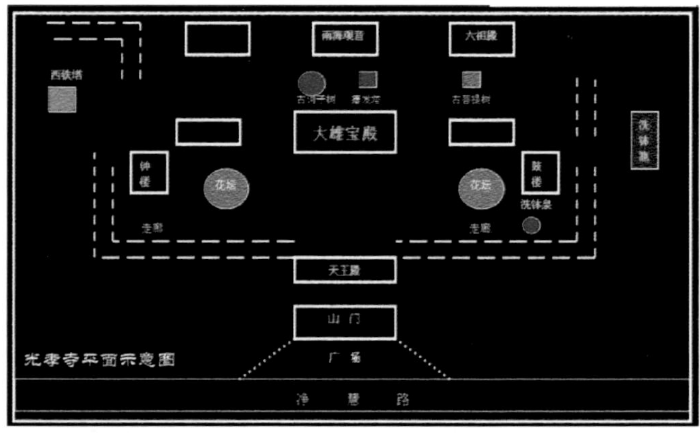

图 7-7 光孝寺平面示意图

图 7-8 武当山寺庙建筑

图 7-9 北京永安寺

图 7-10 玄幻类游戏寺庙

3. 皇家园林

皇家园林又被称为“苑”“囿”“宫苑”“园囿”“御苑”，一般建在首都附近，与皇宫毗邻，是皇上的私家宅园，又称为大内御苑。北京颐和园和承德避暑山庄为皇家园林的代表。（图7-11）

在游戏关卡中体现皇家园林的特点有很多固定的模式，直接挪用现有皇家园林局部的方法更有利于游戏视觉关卡设计的视觉呈现。

（1）皇家园林的特点

①地形地貌

皇家园林一般面积较大，由多个子区域景观共同组成，子区域之间相互联合成气派的皇家园林。皇家园林包含的内容丰富，主要以自然形成的地貌为主，一般包含自然的山、湖、岛和树林等。皇家园林多处北方，在建筑制式、装饰色彩、绿化种植方式上也受北方园林风格的影响，在造园方式上会有部分江南园林的缩影，但因其地貌特征显著，体量巨大而展现出北方园林的特殊风格。（图7-12、图7-13）

图 7-11 北京颐和园

②建筑特点

皇家园林多采用“园中有园的手法”，以轴线的布局方式相互连通，建筑与风景相互配合与借用，皇家园林同时兼有生活与观赏作用，在设计上建筑的类型非常丰富，与皇家生活密切相关的行政、起居、饮食等都包含其中，皇家园林的建筑更多体现皇家的心境与气派，建筑材料的选用与建筑结构的精美都发挥到了极致，在皇家园林中经常使用名贵木材作为建筑的核心构架。并且征用全国的能工巧匠建造，创造出整个建筑不用一颗铁钉依然千年不倒的神话。

图 7-12 北京颐和园

（2）皇家园林的设计要领

①整体布局

皇家园林的整体布局与中国风水学息息相关，在布局中经常使用三面环山、一面环水的空间布局，空间体量巨大，必须从整体出发，将附近所有景观都囊括在内。整体布局不拘小节，可以填水造山，最终目的是营造一个良好的风水布局。风水学也因为皇家园林的选址与规划大规模兴起。

②建筑空间

皇家园林的建筑空间体量巨大，单体建筑会比普通建筑更加宏伟，又因为其功能复杂，设计者根据上百种功能将其转换为复杂的建筑空间群落，每一个园林景观内部都有完善的配套建筑，最终形成建筑群。皇家园林的建筑群与自然景观相互融合最终产生面积效应。在中国诸多景观类型中，只有皇家园林可以做到以面取景，即建筑群落本身就是一个独立的与整体园林相呼应的景观，气势豪迈。

③空间拓展

皇家园林的拓展核心为内心拓展，观者在皇家园林游赏时最大的感受是“一览无余”。

颐和园是皇家园林的代表之一，其占地面积293公顷（2930000平方米），由万寿山与昆明湖两部分组成。各种形式的宫殿园林建筑3000

图 7-13 承德避暑山庄

余间，大致可分为行政、生活、游览三个部分。颐和园自万寿山顶的智慧海向下，由佛香阁、德辉殿、排云殿、排云门、云辉玉宇牌楼构成了一条层次分明的中轴线。山下是一条长700多米的长廊，长廊前是昆明湖，并仿照西湖的苏堤建造了昆明湖的西堤景观。万寿山古木成林，有寺庙、苏州河古买卖街。后湖东端有仿无锡寄畅园而建的谐趣园，小巧玲珑，被称为“园中之园”。（图7-14）

皇家园林面积大，分布广泛，并且讲究风水学。在游戏关卡设计中可以直接借鉴已有的皇家园林的布局，内容上稍做调整即可。

因为皇家园林整体规模较大并且由多个部分组成，所以一般小型游戏不会出现如此大规模的景观，大型玄幻类游戏使用皇家园林造景方式主要在游戏作品的高潮部分，或者在游戏的一个独立关卡中。网络版《剑侠情缘 3》中南诏皇宫这一关卡设计整体采用的就是皇家园林的造景方式（图7-15）。

图 7-14 北京颐和园

图 7-15 《仙侠情缘 3》中的南诏皇宫

4. 私家园林

中国古代园林，除皇家园林外，还有一类属于王公、贵族、地主、富商、士大夫等私人所有的园林，称为私家园林。古籍里称之为园、园亭、园墅、池馆、山池、山庄、别墅等。私家园林集中在南京、苏州、无锡等富饶且远离政治中心的地方。

私家园林在游戏中出现的频率较高，并且内容丰富，形式变化多样。在玄幻类游戏中，从怪兽的巢穴到蓬莱仙境都有私家园林的影子，私家园林设计中需要对景致进行合理的安排。

（1）私家园林的特点

①地形地貌

私家园林规模较小，一般只有几亩（一亩约等于666.67平方米）至十几亩，小者仅一亩半亩。整体地形地貌都为人工堆砌，高低错落，水体为其主要构成。私家园林主要以水面为中心，按照方位对建筑进行环绕式布局，整个园林由一个主景与多个配景构成，气势较大的私家园林会有多个中心景点。

②建筑特点

私家园林多为具有文人气质的王侯将相居住，文人气质对园林建筑风格起着决定性的作用。建筑立意雅致、做工细腻、造景精致，景致内部还多以精细而具有文化气息的摆件作装饰。单体建筑较为收敛，以低宽为主要特征，建筑功能布局分明，建筑造型经得起细细品味，意蕴层次变幻多样，突出文人私家园林的精致婉约。

（2）私家园林的设计要领

①整体布局

私家园林整体采用灵活、不规则、内向式的布局方法，将建筑背朝外而面朝内，围成一个相对私密的空间，以园林中的水面为中心，岸边叠石置山，种植草木，以达到丰富空间层次变化的效果。（图7-16）

②建筑空间

私家园林建筑类型较为简单，空间利用较为紧凑。道路布局以功能为主，建筑单体与建筑内部的修饰是私家园林建筑的核心，建筑单体颇为精致，亭台楼阁都为皇家园林的微缩版，经常在单体建筑上雕龙刻凤、题字作画，以增加其文化内涵。

③空间拓展

修身养性为私家园林空间拓展的主要目的，闲适怡情为园林的主要功能；私家园林多为文人学士出身的高官住所，格调讲究清高风雅、清新脱俗。受空间大小与区域范围的限制，私家园林更讲究源于自然且高于自然心灵空间的塑造。

私家园林巧妙地运用了对比、衬托、对景、借景的造景方式，使用空间的尺度变换、空间层次配合、以小托大、以少胜多等多种造园技巧和手法，将亭、台、楼、阁、泉、石、花、木组合在一起，使整个园林诗情画意，表现出文人写意的园林风格，创造出人文环境与自然景观相互交融的居住场所。（图7-17）

私家园林在玄幻类游戏中经常出现，在游戏中的城镇部分经常会使用私家园林的造景方式，大部分王侯将相的宅邸都采用了此类型布局。《新逍遥江湖》中的成都王府就是采用了私家园林的造景方式。（图7-18、图7-19）

图 7-16 山东潍坊私家园林

图 7-17 苏州留园

图 7-18 《新逍遥江湖》中的成都王府

图 7-19 《新逍遥江湖》

7.1.2 按照所处的地理位置分类

1. 北方园林

北方园林以皇家园林为代表，所有的宫廷园林都占地较广，平面布局严谨，雄伟壮阔，厚重沉稳，并且结合着江南园林的特点。这些郊外的园林面积广大，土地肥沃，在农业生产及都城水利中也发挥着重要作用。北方园林中，以北京颐和园和圆明园为代表。北方园林的特点如下：

（1）整体布局

北方园林占地颇广，景别划分严谨有序，视野极为开阔。整体布局在强调中心的基础上突出主体，泾渭分明。

图 7-20 北京颐和园

图 7-21 《三国英雄传 2》

图 7-22 苏州狮子林

（2）空间层次与序列

北方园林多体现视野的开阔、气势磅礴、整体与局部的呼应关系以及点线面体的遮挡关系。空间布局为轴线对称，这也是北方园林最明显的空间特点，不同类型的园林在轴线和对称的程度上有所差异。皇家园林的轴对称最为严格，园林的轴线与宫殿和住宅的轴线一致，成为宅区轴线的延伸。中轴线上置最重要的大门、厅堂、宫殿、甬道、水池等小景。越靠近中心地理位置越高、景别越精致，越靠近边缘视野越开阔。

（3）空间的拓展

以山为边、以云为界的造景理念使北方园林对于观者内心的塑造成为空间拓展的核心，观者在任何一个景别都可以一览无余地观看到山、水、树等大型景观，这使观者心旷神怡的同时又心怀坦荡。

在大型园林中，颐和园的对称主要表现在万寿山的建筑上，圆明园的对称表现在福海的西湖十景、九洲清晏的环湖九景、西洋楼景区的一路景观。故宫四园、景山都是严格对称；而恭王府花园、可园、乐家花园、十笏园等则是不同程度的景点对称。对称观点与道家的阴阳互补、儒家的文臣武卫等概念有直接关系。（图7-20）

北方园林气势宏伟，一个大的整体由多个区域共同组成，在即时战略游戏《三国英雄传 2》中能够鸟瞰北方园林的部分或者全部的景观，如图7-21。

2. 江南园林

南方人口密集，所以园林面积小，又因河湖、常绿树较多，所以比较细致精美。淡雅朴素、曲折深幽、明媚秀丽是江南园林的风格，但因为面积小，略感局促。江南园林以江南“四大名园”为代表，即南京瞻园，苏州留园、拙政园，无锡寄畅园。除此之外，上海豫园，南京玄武湖，杭州西湖，扬州个园 、何园，苏州沧浪亭、狮子林（图7-22）等都是江南古典园林的典范。江南园林的特点如下:

由于江南园林布局精美，错落有致，是游戏中小景别布景的重要参考依据，正确地理解江南园林的基本构成样式与空间层次以及序列安排对游戏关卡设计有着重要的作用。

（1）整体布局

江南园林为立体式园林，园林整体布局紧凑精致，每一个景别都会与相邻几个景别相互辉映，产生以小见大的效果，景别中近景、中景、远景层次丰富，不但具有纵深延续的效果而且错落有致，江南园林在整体布局的设计中将植被类型与空气湿度、气味等感官体验都考虑在内，使江南园林变为独具一格的立体式体验性园林。

（2）空间层次与序列

从立体的设计角度可以根据地势将江南园林划分为高、中、低三个空间层次，在任何一个观景点都可以看到这三个空间层次相互交叠的景象。江南园林从平面布局的角度设计应具有多个空间序列。多个序列来回穿插使江南园林犹如一幅山水画卷，多视点布局是江南园林的显著特点。在设计的过程中应将整个园林划分为几个“主序列”，再由主序列扩展出相互联系的“子序列”，在主序列和子序列之间，道路形式与景别不做过大的差异化设计，使用江南园林的设计方式，最终使整个园林的景别与路线变成错综复杂的迷宫，迷宫路线的特点是其入口处会出现线性序列的景别，逐渐进入中央区域则转换为环形序列相互交叠，出口又逐渐转换为线性景观序列。苏州留园的亭台楼宇与园林景别之间的空间序列设计得颇为复杂，多处连通，方向模糊，配以小径穿插使整个园林没有明确的观赏路线，是江南园林设计的典范之作。

高、中、低三个空间层次可以很好地缓解视觉疲劳。在角色扮演游戏中迷宫路线的设计经常出现雷同，使玩家产生视觉疲劳，或是路线设计得过于复杂而失去游戏的可玩性。在设计的过程中能够按照主序列、子序列的方式规划地图并且参考南方园林的景观特点可以达到事半功倍的效果。（图7-23、图7-24）

（3）空间的拓展

江南园林设计的基本艺术规律为：以小见大，虚中有实，实中有虚，或藏或露，或浅或深。江南园林通过对比的方式体现空间变化，通过观者身处其中的内心感受与情绪向往塑造景外空间，使观者在完成整个园林的游览之余又产生陌生的心理感受。其目的是以有限的面积创造无限空间的联想。（图7-25、图7-26）

如《仙剑奇侠传 5》中园林的设计主要是参照中国江南园林的形式而设计的，结合了江南特有的文化特点，整体设计淡雅朴素。在空间的设计上，空间的延伸和渗透使空间分离的楼台与廊桥、院墙等，和园林的其他部分融为一体，借用大量的廊桥使被分离的空间相互连通。（图7-27）

图 7-23 《植物大战僵尸》

图 7-24 《新大话西游》

图 7-25 苏州拙政园

图 7-26 苏州园林

图 7-27 《仙剑奇侠传 5》

图 7-28 东莞可园

图 7-29 东莞可园

3. 岭南园林

岭南是中国南方五岭之南的概称，主要包括福建南部、广东全部、广西东部及南部。岭南山清水秀，植物繁茂，一年四季都是绿色，是典型的亚热带和热带自然景观。著名岭南园林有广东的顺德清晖园、东莞的可园（图7-28、图7-29）和番禺的余荫山房等。岭南园林的特点如下：

（1）整体布局

岭南园林整体布局主次分明，路线简洁，有明确的区域划分，岭南园林的设计更注重情趣小景的设计，房屋与奇石、树木相互结合，身处一方景赏另一方景，有无数精美细节可供品味。

（2）空间层次与序列

岭南园林在空间层次的设计中利用楼阁或假山造成视线的差异，楼阁作用于视线的遮挡，假山作用于视野的开阔，这种空间层次的设计使观者能够从高处鸟瞰园林的整体风貌，并且能够在低处相对狭窄的空间中细细品味园中每一个精雕细琢的建筑风貌。空间遮挡的关系能够很好地把握空间序列使整个空间序列变成环绕式，在不同的角度可以看到不同的景观空间。在单个空间的设计中每一个空间序列都较为封闭，独立成章。

（3）空间的拓展

岭南园林的建筑体量较小，构造简易，建筑的外形轮廓柔和稳定。在这种建筑风格的带领下，岭南园林的空间拓展方式转换为时间的延续，每一个景观中都有很多可圈可点的细节可供观者把玩，使观者可以在每个空间中驻足较长的时间，去体会“外师造化，中得心源”的意境。

中国园林的设计方法庞杂无章，园林与景观的布置方式与理念更多地体现在文人雅士对精神层面的追求以及对风水玄学的研究，东方园林设计的审美情趣与审美方式较西方的景观设计更难琢磨。在学习游戏关卡设计的过程中应大量地阅读园林类书籍，在设计游戏关卡时应以各种园林的平面图为参照，以培养游戏关卡设计的审美。

7.2 景观设计

景观设计较中国园林设计更为具体，可操作性强。在景观设计中，可用相关的具体数据配套游戏中的景观，如一个10米高的喷泉旁边的水池的大小、树木的高度、路面的开阔程度等。正确掌握景观设计的基本理念与基本方法可以为游戏关卡设计带来更可靠的参考依据。在现代与科幻类型的游戏中大多数的关卡是以景观设计为基础而设计的，如在《模拟城市》这款游戏中，玩家可以选择相应的建筑对其进行规划设计，游戏中配套的景观都有固定的模块，这类游戏就是依据景观设计中的基本法则与固定模块而设计的。(图 7-30、图 7-31)

景观设计发源于西方，是以城市环境与人文环境为核心而展开的环境改造行为，是近现代传入中国的建筑理念。景观设计内容庞杂，分工明确，主要包含的专业有园林景观设计、环境的恢复、敷地计划、住宅区开发、公园和游憩规划、历史保存，并且与建筑设计、都市设计、乡镇与都市计划及区域计划等领域密切相关。（图7-32、图7-33）

7.2.1 景观设计的要素

景观设计立足于以人为本，所有景别与内容都围绕着人类的生活与休闲展开，具有明确的功能性，每一个景观设计都有其特殊的功能，但是所有的景观设计中都具有不可或缺的五

图 7-30 《模拟城市》

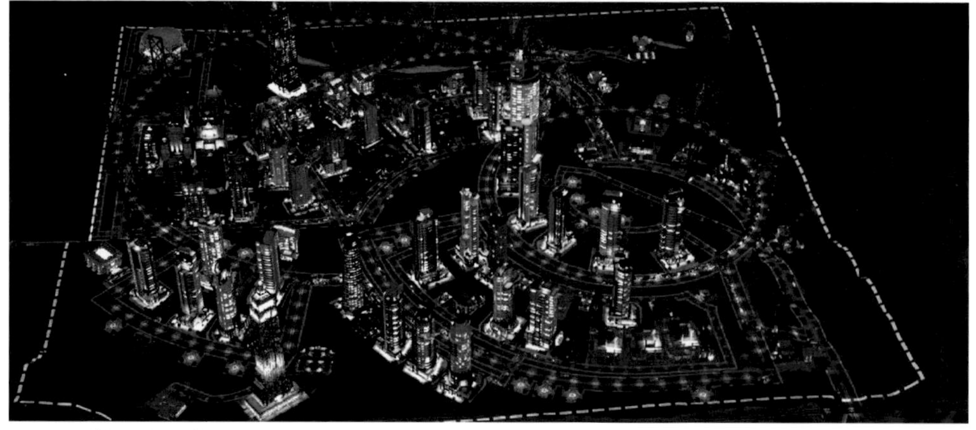

图 7-31 《模拟城市 2》

要素：区域、道路、建筑、植被、水体。不同类型的景观对于五要素又有不同的侧重。

1. 区域与道路

在景观设计中，区域是景观的载体，选择不同的区域意味着不同的设计思路，道路是景观的骨架与区域连接的网络。景观道路的规划布置往往反映不同的景观面貌和风格。更重要的是，景观的设计可以满足在此区域内的人们对不同功能的需求。（图7-34～图7-36）

2. 建筑

建筑是景观设计的主体，在景观设计中可以按照功能对其进行分类命名，如广场、台地、阶梯、堤岸、天井、庭院、庭廊等。将不同的功能区按照人类习惯进行规划，最终形成多个独立功能的景观。（图7-37、图7-38）

在《模拟城市 4》游戏中建筑是整个游戏的主体，电脑会按照景观设计的基本规范自动计算此区域的建筑高度，最终完成功能区域划分，使建筑高低错落有致。（图7-39）

图 7-32 印度古建筑

图 7-33 私家别墅景观设计

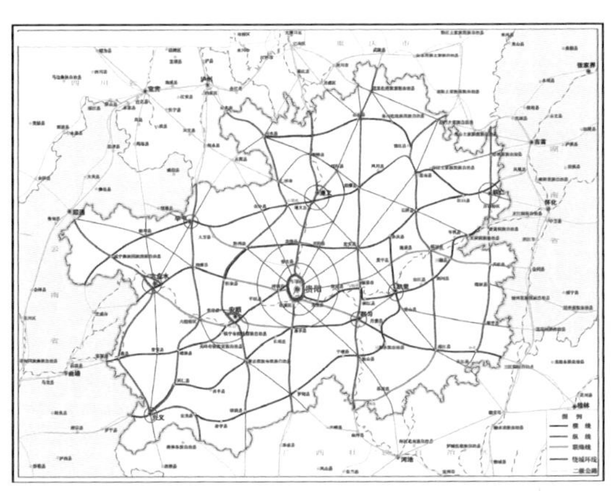

图 7-34 区域

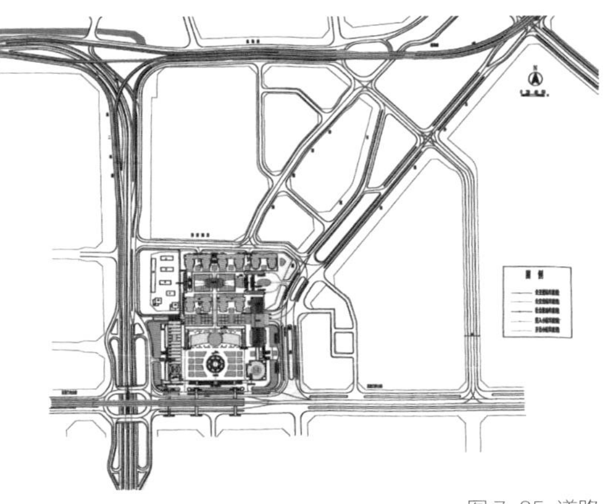

图 7-35 道路

图 7-36 《模拟城市 3》道路

图 7-37 广场

图7-38 天井

图7-39 《模拟城市4》

3. 植被

景观中的植被是将自然状态的引入与人工再造进行结合，是景观设计中最重要和最常用的要素。景观设计中按照植被的功能，将其分为草坪、绿篱、树丛、花坛、藤架等。按照预期规划，在适当的功能区种植合适的植被。（图7-40、图7-41）

植被在任何的游戏中都必不可少，正确了解植被在景观设计中基本的分类方式、搭配的原则与特点，可以使游戏画面更为精美。在游戏《侠盗猎车 5》（图 7-42、图 7-43）中，西部城市的气候特点配合高大的棕榈树显示出异国风情，城市中使用了景观树与植被墙作为装饰，都是遵循景观设计的基本原则设计而成的。

4. 水体

水体分为自然水体与人造水体，景观设计中通常以水体作为展开点，城市景观与溪、泉、塘、潭、江、河、湖、海等形成了城市整体的环境状态。水体的变化设计主要是将点状、线状、面状的水体类型按照不同的功能加以利用。（图7-44、图7-45）

游戏关卡的设计同样也遵循景观设计的方式，如图7-46《帝国时代 3》中的一个码头景观，在设计上运用了人、水体、道路、草地、树木等元素，因为码头边缘靠近海水，气候终年潮湿温热，对周边建筑采用竹楼式设计，竹楼离地而建，可通风防湿、防虫。道路设计得曲折迂回，交通方便。采用草坪、枫树等作为修饰。运用海水包围的设计方式，增加了景观的动感。海水中的船作为景观设计中的元素，起到了点缀作用，使景观完善、和谐。

《侠盗猎车 5》以极其真实的模拟方式展现整个游戏内容，海滩与远处的桥都是按照园林景观的布局方式而设计的。（图 7-47）

图7-40 植被

图7-41 植被

图 7-42 《侠盗猎车 5》

图 7-43 《侠盗猎车 2》

图 7-44 水体

图 7-45 水体

图 7-46 《帝国时代 3》

图 7-47 《侠盗猎车 5》

7.2.2 景观设计的类型

景观设计的范畴因城市的进化不断扩展，扩展的同时对内部进行不断细化，学科交叉逐渐明显，景观设计的界限逐渐模糊。目前有以下四种可清楚界定且相关的实务类型：

1. 景观的规划设计

景观的规划决定了土地的使用计划或政策导向等的发展，如住宅区域的规划、工厂的建立、农业区域划分、高速公路修建以及游憩区域的布置等。一切自然因素围绕着城市的发展需要而进行规划与合理利用。（图7-48、图7-49）

在游戏关卡设计中，前期的区域性规划更接近景观规划设计，而景观规划的理念对于游戏关卡设计有着重要的指导意义。在关卡设计前期应充分考虑关卡内容与不同区域的功能。（图7-50、图7-51）

2. 基地规划设计

基地规划是将区域性土地按照其特殊的功能并根据使用计划的需求，用科学的方法进行规划设计。合理利用每一寸土地的价值，让土地发挥其最大的作用。换言之，基地规划就是区域性规划设计与功能性规划设计的总称。常见的基地规划类型有农业基地规划、教育基地规划、产业基地规划等。（图7-52、图7-53）

图 7-48 高速公路

图 7-49 高速公路

图 7-50 《凯撒大帝》

图 7-51 《凯撒大帝 2》

图 7-52 基地规划设计

图 7-53 基地规划设计

图 7-54 《星际争霸 2》

基地规划设计在多种游戏关卡中都有应用，在游戏关卡设计中按照游戏目标进行区域性规划。如图7-54是《星际争霸 2》一幅标准的1V1对战地图，在地图的设计中两个玩家的地理位置与资源要基本处于平衡，所以地图较为对称，在地图上下两部分的资源区按照采矿的方式将资源设计为环状，资源区的外围为资源争夺区，此地图设计了三条路线，玩家在对垒的过程中会出现更多的战术变化。地图的中间区域为大规模对战区域，此区域设计得较为开阔，同时充分利用不同的道路将这一区域划分为多个子区域，使玩家在游戏中对路线可以做更多的选择。

3. 城市规划设计

城市规划是在已有城市的地理人文特点的基础上分析研究城市未来的发展方向，对城市进行合理布局与综合安排，是一定时期内城市的发展蓝图。城市规划也是城市管理的重要组成部分，城市规划设计包括城市的规划、城市的建设、城市的运行三个组成部分。（图7-55、图7-56）

在模拟类型的游戏中，可以将城市规划设计的特点展示得淋漓尽致。《特大城市》是此类型游戏的代表之作，游戏中玩家必须考虑后期城市发展所需要的空间、城市的功能规划、城市的建设、城市的运行等诸多环节；同样，关卡设计师在设计初期地图时也应将城市发展所需的自然资源考虑在内。（图7-57、图7-58）

4. 局部景观设计

局部景观设计是区域功能的扩展，根据区域功能的规划需要在不同的位置安排特殊的功能区，以满足城市居民生活的具体需求。典型的局部景观包括入口、平台、露天剧场、花园广场、步行街、停车场等。

游戏关卡的视觉设计部分更接近局部景观设计，任何一款游戏地图的编辑都是从陆地或者海面，逐步划分区域、规划道路、调整局部景观形态，直到最终完成游戏地图的设计。（图7-59～图7-61）

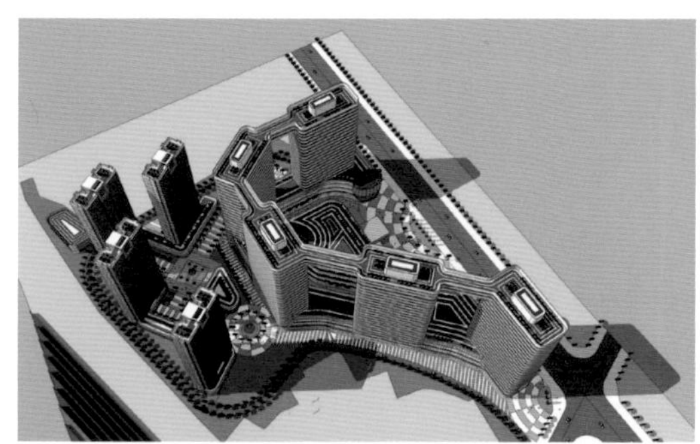

图 7-55 城市规划鸟瞰图

图 7-56 城市规划鸟瞰图

图 7-57 《特大城市》

图 7-58 《特大城市》

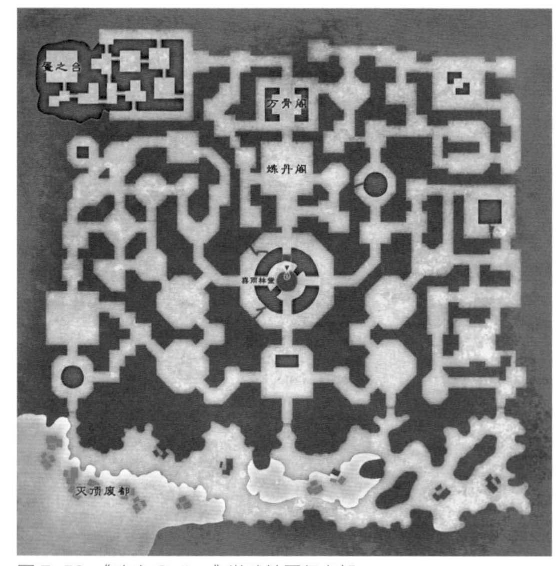

图 7-59 《功夫 Online》游戏地图幻之都

图 7-60 《大话西游 3》场景图

图 7-61 《光环 4》游戏场景

7.2.3 景观设计的基本原则

1. 优化自然原则

优化自然是指在原有自然资源的基础上，为拓展自然环境的功能性及观赏性而进行的人为改造。自然资源包括原始自然保留地、历史文化遗迹、山体、坡地、森林、湖泊及大的植物板块。

游戏关卡设计中也要体现出自然资源的合理优化，如图7-62为《孤岛危机 2》中的游戏场景，此场景在摄取自然风光的基础上将远方的海水与近处的植被相结合，保留了环境的原生态，与整体景观的设计相得益彰。

图 7-62 《孤岛危机 2》游戏场景

2. 景观整体性原则

在景观规划中，要注重整体化设计，从植被的形态与建筑的关系以及植被色彩与环境色彩的关系入手，考虑四季的色彩变化与植被更替变化，将局部景观的设计纳入整个景观的设计中。

3. 景观个性原则

景观的个性各不相同。在不同地理形态上，有以丘陵为主的地形地貌和以海洋为主的岛屿差异、森林植被的地域性差异、北方和南方气候差异。景观规划时应根据自然规律创造出具有地方特色、个性鲜明的景观类型。

景观个性主要受环境区域分异规律的影响，通常在封闭环境中形成，在封闭环境中易于保持传统特色，若打破封闭，景观之间会出现无选择的互相模仿而使其失去景观个性。

中国传统的古镇由于长期保持相对封闭的状态，导致风貌千差万别，地方风格明显，民俗情趣盎然，景观特点上还保留着传统文化的色彩，极具观赏和审美价值。（图7-63、图7-64）

景观个性原则在游戏中的应用就是将相同功能的建筑设计得更具有区域特色，如图7-65是游戏《特大城市》的中心街道一角，画面中的建筑虽然都无实际的功能，但其形式既富有变化，又相互统一。

图 7-63 安仁古镇

图 7-64 成都白鹿古镇

图 7-65 《特大城市》

7.2.4 景观设计的基本方法

1. 整体布局设计

整体布局是景观设计的前提，景观的整体布局首先应立足于功能区域的划分，按照不同的功能区域特点进行布局与构思。然后，再在具有基本的整体布局的前提下进行景观的构图设计。

景观的构图包括平面规划设计与立体造型设计两个方面的内容。平面规划设计：主要是将区域划分、交通道路、绿化面积、局部景观等用平面图示的形式，按比例准确地展现。立体造型设计：在平面规划完成的基础上，选择不同的视野与角度进行空间高度的设计，使区域之间有高度变化和空间层次，使局部区域能够保持光线充足。

在游戏关卡设计中必须遵循先整体再局部的方法，即按区域划分、交通道路、绿化面积、局部景观设计的顺序进行构架。先平面再立体的方法也是游戏关卡设计可以借鉴的优秀的设计方式。（图7-66、图7-67）

图 7-66 《特大城市》

图 7-67 《特大城市 2》

2. 对景与借景

在景观设计的平面布置中有一定的建筑轴线与道路轴线，在轴线尽头安排一些相对的、可以互相看到的景物就叫对景。对景往往是平面构图和立体造型的视觉中心，对整个景观设计起着主导作用。对景可以分为直接对景和间接对景。直接对景是视觉最容易发现的景，如道路尽头的亭台、花架等；间接对景其布置的位置可以隐藏或偏移，给人以“柳暗花明又一村”的心理感受。

借景同样是景观设计中最常用的手法。通过对建筑空间进行组合或对建筑本身进行设计，将远处的景致变为当前景致的远景部分，完成整个构图的需要。如图7-68为游戏《激战 2》中的一处景观，此景观的设计采用了对景与借景的设计手法，远处的建筑相对于近处的草地一目了然，给人以若隐若现之感，同时远处的借山布景，丰富了景观的空间层次。

3. 隔景与障景

隔景是将环境优美的景致收入景观中，用树木、墙体来遮掩杂乱无章的景别。障景直接采取截断行进路线的方式或者改变道路方向的方法使观者转向观赏其他景别。

4. 引导与示意

引导的手法是多种多样的，使用的方式也多种多样，可以使用水体、铺地等元素做引导。

示意的手法包括明示和暗示。明示指采用文字说明的形式，如路标、指示牌等小物体的形式。暗示可以通过地面铺装、树木的有规律布置的形式指引方向。如图7-69《剑灵 2》中的景观就运用了引导与示意的景观设计方法，人物后方的小路起到了指引玩家的作用。

西方景观设计的方式有理可依、有据可凭，景观的布置方式与设计理念更多以满足使用功能为前提，并遵循理性化思维进行构建，着重考虑空间的组成、空间的形态，其中明确的方法论和具体的实施步骤可为景观设计以及游戏关卡设计提供较为详细的参考。西方景观设计较东方园林设计更具规律性以及理论性。在学习游戏关卡设计的过程中，要大量阅读景观设计类书籍，同时还要掌握造景造型的规律与具体操作手法，使用景观设计的操作方法进行大量的实践，可以为游戏关卡设计提供较好的理论支撑。

图 7-68 《激战 2》

图 7-69 《剑灵 2》

教学导引

小结：

本章着重讲述游戏关卡设计中所需要的美学基础知识。着重讲解了园林设计与景观设计，学习过程中应该区分两种景观设计的原则，并能够熟练运用不同景观的特点设计出较为简单的场景。在本章中引入了最具代表性的场景设计风格：中式的园林设计、西方的景观设计。掌握游戏关卡的美学基础是游戏关卡制作的前提，能够熟练地运用不同风格设计基本元素是合理布局关卡场景的前提。具体园林设计与景观设计的实施步骤没有在本章中着重描述，本章仅对其基本构成元素以及特点、设计原则进行简要介绍，学生需在课后通过专业的书籍进一步学习。

课后练习：

1. 分析一款角色扮演类游戏关卡场景的设计风格，并对其中优秀的景观设计元素进行拆分，再重新组合。

2. 使用Photoshop软件，用简单的园林设计构成元素或景观设计构成元素，设计一款简单的游戏关卡场景。

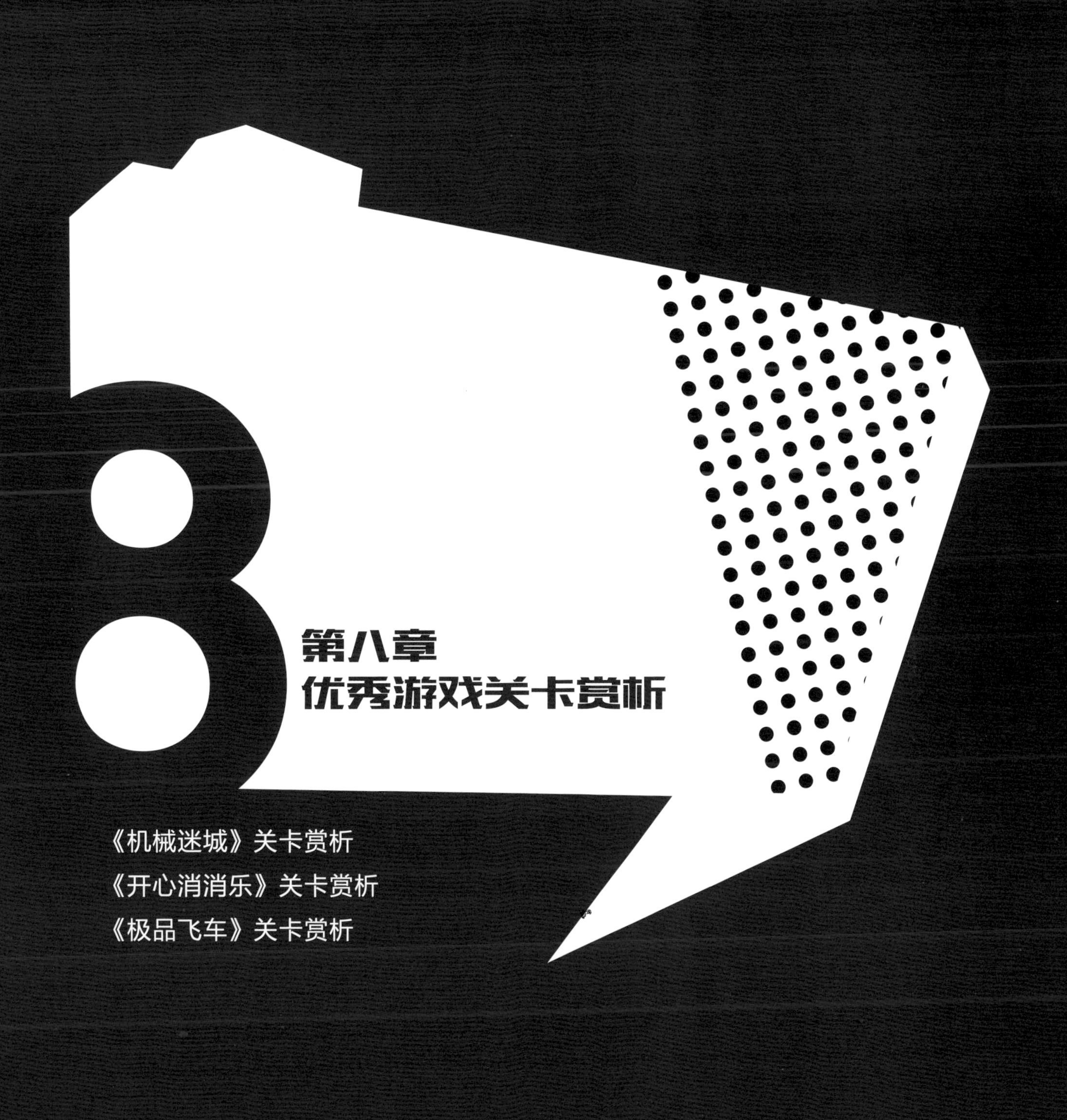

第八章 优秀游戏关卡赏析

《机械迷城》关卡赏析

《开心消消乐》关卡赏析

《极品飞车》关卡赏析

8.1《机械迷城》关卡赏析

8.1.1 游戏关卡设计特点

《机械迷城》（图8-1）是一款冒险类游戏，其特点是玩家可以通过控制游戏情节中的一个角色与其他电脑角色进行对话、交换道具等，最终达到通关的目的。

图 8-1

在《机械迷城》中，游戏的目标是使机器人Josef寻找到自己的机器人女友，每个关卡都有不同的任务，通过完成每一个关卡最终实现游戏的总目标。

此游戏共由35个关卡组成，每一个关卡都有自己的命名，如第1关卡“废墟重生”，第4关卡“逃离燃烧室”，第8关卡“乐队”，第19关卡“厨房”（女机械人），第22关卡“有投影机”（图8-2），第35关卡“酒吧地下室”（图8-3）。

此游戏的操作方式简单，主要依靠鼠标点击和拖动动作完成。游戏的主要内容是：玩家通过操控角色在场景内收集四处散落的通关道具，同时角色在场景内与其他机器人互动，了解它们的需求并解决问题，最后获得通关必要的线索或道具，顺利进入下一个游戏关卡。

此游戏节奏舒缓，游戏的难度随着关卡的递进而增加。当游戏的难度超出玩家的能力范围时，玩家可以通过完成一些简单的小游戏来获取相应的通关攻略，通过这种轻松诙谐的小游戏的设置，可以大幅度降低玩家在游戏中产生的挫败感，这也是此款游戏一个非常突出的亮点。（图8-4）

在关卡设计中，每一个关卡的大小与空间都是有限的，一个较小的空间更容易使人集中精神寻找游戏的答案。如图8-5、图8-6，此关卡会使玩家产生强烈的好奇心、焦虑感、困惑感、求知欲和探索欲。玩家在此类型关卡中一旦遇到难以解决的问题，就会产生较为强烈的焦虑感和困惑感，由此产生“必须解决这个难题”的心理状态；当玩家解决了某个难题时，便会获得短暂的成就感，从而刺激玩家继续在关卡中寻找相关线索来推动游戏故事情节的发展。

图 8-2

图 8-3

图 8-4

图 8-5

图 8-6

在关卡设计中玩家的动机促成机制是关卡设计的重点。一般游戏的促成机制是由玩家的初始性动机向惯性动机转化的过程，当初始性动机引导玩家完成第一个关卡后，玩家受好奇心和探索欲的驱使，不断地探索新关卡来推动游戏故事情节的发展，并构成持续性动机；持续性动机促使玩家进行下一关卡的探索，形成重复性动机，重复性动机固化为玩家的习惯后，促使玩家不断闯关，形成惯性动机；惯性动机将成为游戏的条件反射活动，直至玩家通关。

一个优秀的游戏关卡设计应该有完整的故事背景、剧情、脚本；各个关卡间难度合理，呈梯级变化；游戏趣味性的合理展开（图8-7、图8-8）。一个优秀的关卡可以使玩家释放在游戏过程中产生的焦虑或压抑感，在通过一个难度系数较大的关卡后，应适当地给予玩家相应的奖励，或用一种轻松的方式调节游戏节奏，如一段小动画或一段轻松的音乐。游戏关卡的丰富性是游戏关卡设计中应注意的基本问题之一，在游戏中应避免同一元素在同一个关卡中重复出现。

图 8-7

图 8-8

图 8-9

图 8-10

图 8-11

图 8-12

为了增加游戏的交互乐趣以及关卡的耐玩性，常用的方法是增加支线任务与隐藏任务。为游戏关卡设计师可以根据设定好的目标加入相关降低游戏难度的支线任务，同时目标的完成也可以用一种间接的方式，而这种方式可以适当地降低游戏难度。隐藏任务，即玩家需无意中触发某类事件完成目标，这样可以增加游戏关卡的神秘感；隐藏任务可以给玩家带来意外惊喜或意外伤害，在游戏开始时就可以展开隐藏任务并且给予玩家丰厚的报酬，以满足玩家的好奇心，刺激玩家在后续关卡中不断寻找隐藏线索或道具，从而增加关卡的可玩性。

以上为一个合格的游戏关卡设计必须具备的条件。要想成为一个成功的关卡设计师，必须不断地提升自己的专业素养，不断积累游戏关卡设计经验。一个优秀的游戏关卡可以给玩家带来更好的游戏体验。

8.1.2 美术风格

在游戏画面风格的设计上，该游戏采用了蒸汽朋克美术风格，在同类游戏的美术风格中独树一帜，纯手绘的方式增加了画面的亲和力，泛黄的色调使画面更具历史年代感。（图8-9～图8-11）

1. 从透视的处理手法上分析

图8-12为《机械迷城》的概念设计图，画面风格为写实幻想类手绘风格。这种以平行画面的中线为视平线的透视角度，使场景一目了然，主体建筑物造型明确，任务道具也清晰完整地展现在游戏画面中，在横版的过关类游戏中多采用此类处理手法。

该游戏陈旧的画面、人迹罕至的建筑群场景，营造出落魄、寂寥的氛围。建筑物墙面脱落，钢铁铸造的物体上锈迹斑斑，展现出这座废弃钢铁城的残败景象。

画面整体色彩运用了中明度弱对比的暖黄色调，近景色彩偏黄红色，纯度较高；远景偏蓝灰色，纯度较低。色彩冷暖对比拉开了前后景的空间关系，使平面的画面更具纵深感。场景整体为水平构图，构图饱满而深远，画面的空间感强。

此场景画面属于中等较强的空气透视。近景刻画细致，色彩纯度高，明度对比强烈；中景刻画适中，色彩纯度较弱，明度对比较弱，色彩的冷暖关系较为突出；远景使用概括的处理方式，色彩倾向不明显，轮廓模糊。透视角度采用的是成角透视下的俯视角度，视平线位于近景中的桥，即桥与远景的交接处。

2. 从景别划分的处理手法上分析

图8-13画面的近景中，工厂的外部桥体、路面和工厂一个房间的入口为画面的视觉中心，是整个场景画面中所占面积最大的建筑物。其采用了欧洲废旧工厂的建筑风格，利用左边小面积的建筑平衡了画面，造型上多运用机械的零件及构造，凸显出陈旧的工业气息。在色彩方面，主色为低明度的黄色，与中景、远景的蓝灰色形成冷暖对比，使场景具有纵深感。

中景为一个工厂城堡，周围还有许多废弃的厂房，参差不齐地排列着。色彩方面整体明度较低，色调为中性色调，以突出破旧压抑的气氛 。

远景中有几个相连的工厂，工厂的造型汲取了欧洲现代化工厂建筑的特点。建筑物绘制模糊与画面整体风格统一。天空较为明亮，通过空气透视逐渐与建筑物相接，打破了画面沉闷的氛围，增加了画面的透气性与纵深感，与近景画面形成了鲜明的对比，疏密有致。

图 8-13

8.1.3 游戏关卡分析

下面以《机械迷城》中几个具有代表性的关卡为例，详细解析此款游戏中关卡的设计思路与设计方法。

如图8-14为第4关卡“逃离燃烧室”。本关卡的游戏流程为：游戏主角从右侧窗口逃出燃烧室后被发现；胖子机器人在偷吃了碳后从右上侧窗口逃走；玩家需要按照相同的路径完成此关卡。该关卡将一个简单的开关设计成组合开关的方式，为游戏增加了更多的可能性，使关卡变得更丰富。

玩家要想通关就必须拿到挂在墙上的钥匙，然后走到画面中间的锅炉处，打开开关。开关有三个，分别表示锅炉上方机械手的三次动作：将开关拉到上方，机械手会下落抓东西；拉到下方，机械手会循环一圈；开关放在中间，机械手停止工作。只有将三个组合开关调至正确的位置，角色才能有足够的时间跳上矿车，顺利逃亡。

第8关卡“乐队”，是一个多内容组合关卡，玩家需要在关卡内完成多个动作才可以通关。此类关卡设计的方式是将多条平行主线聚合为一个关卡节点，关卡内部的线索没有前后逻辑关系，但必须是多任务共同组合才能完成。此类关卡主要考验玩家的创造力与判断力，玩家需通过逻辑思维判断并结合生活常识来获得线索或提示。（图8-15、图8-16）

图8-17为本游戏一个经典的多关卡联合的组合关卡。多个游戏关卡的内容有机地组合起来来展开游戏情节，各个关卡之间相互联系又相互区别，道具和线索与关卡密不可分，缺一不可。多关卡联合大大提高了获取游戏线索的难度，在增加难度的同时也延长了游戏时间。本关的总目标为：越过漏水处进入迷城。故事情节展开后根据物理学原理，凡是由电路构成的机械都不能碰水，否则会导致线路故障，需得到机器人大妈的雨伞后才能走过去。而获得大妈雨伞的方法是用小狗和大妈进行交换。获得小狗的方法是用油将小狗吸引至岸边，一枪

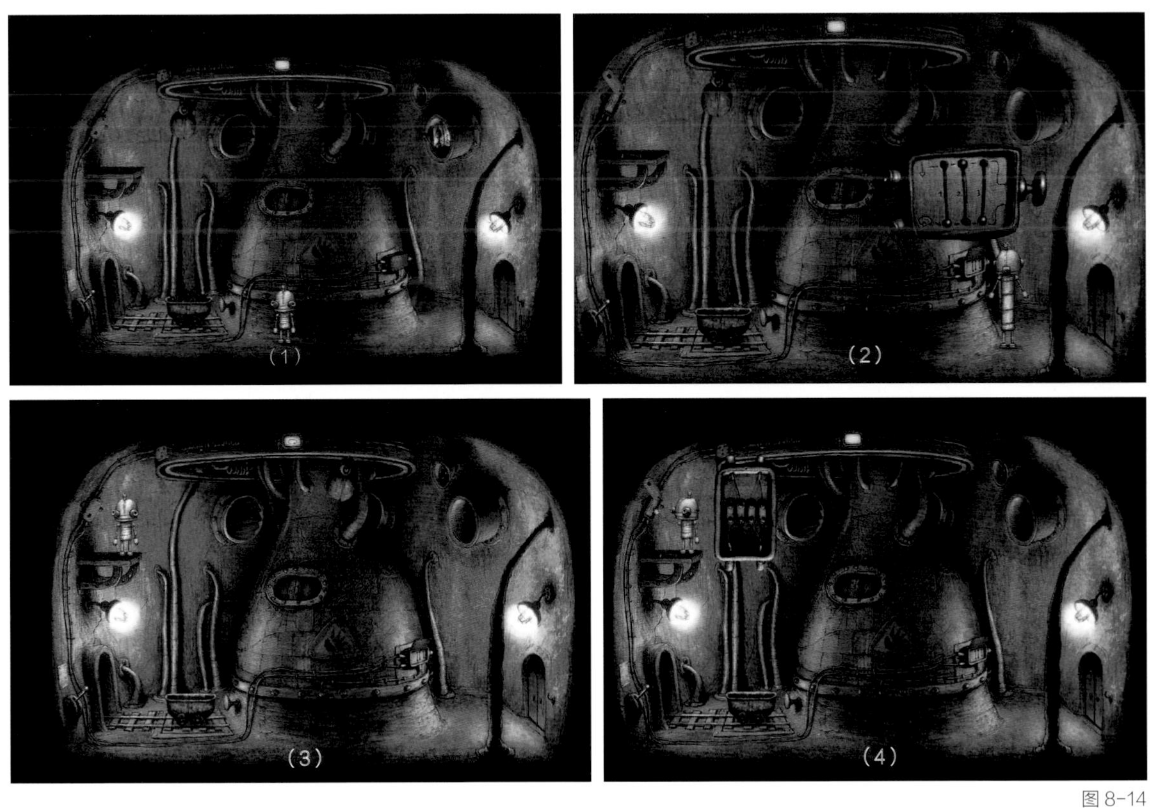

图 8-14

图 8-15

图 8-16

射中小狗。然后拿着小狗和机器人大妈手中的雨伞进行交换。操作步骤：利用夜光钟打开第一个门，在打开柜子时会弹出小游戏，玩家顺利完成小游戏后获得手枪。随着小游戏的不断推进，使玩家获得成就感并激发玩家继续游戏。当玩家拿到第二个门内天花板上的皮搋子后与枪进行组合射中小狗（这里使用了特殊的道具，在有效降低游戏暴力性的同时激发了玩家的想象力）。在关卡设计中一个简单爬上控制台的动作大大提高了游戏的难度，玩家只有将垃圾箱推回远处，利用垃圾箱爬上控制台，然后利用油罐到达右边河岸。

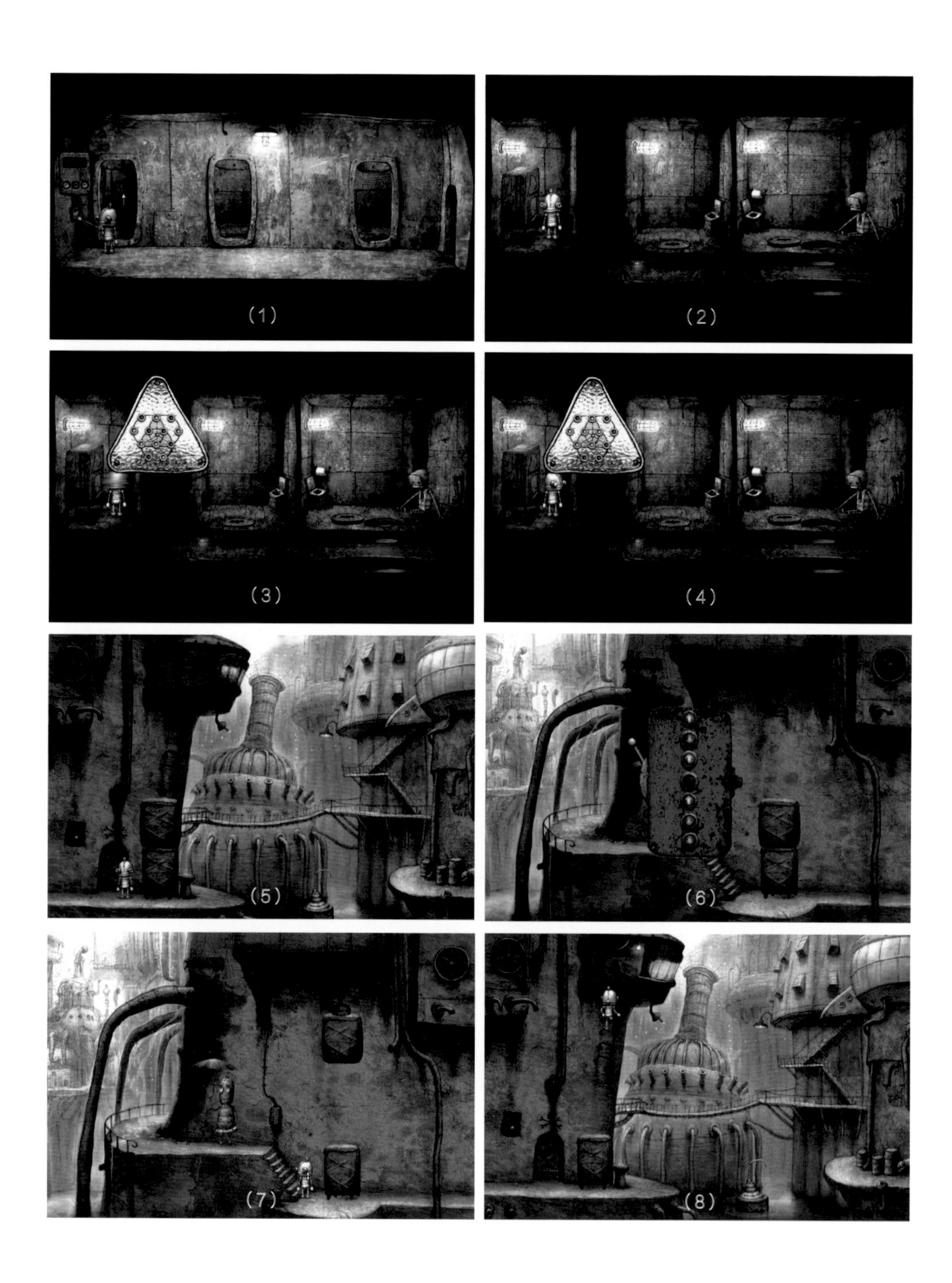
(1) (2) (3) (4) (5) (6) (7) (8)

图 8-17

8.2《开心消消乐》关卡赏析

8.2.1 游戏关卡的设计特点

《开心消消乐》是一款休闲娱乐型的策略类消除游戏。游戏中玩家需要开动脑筋精心设计每一步，才能在不同关卡模式中完成目标任务。游戏画面清新亮丽，音乐动听。游戏关卡丰富，挑战方式多样，玩家在游戏过程中可以不断发现新乐趣。该游戏以憨厚的小熊、快乐的小鸡、淡定的青蛙、狡黠的狐狸、深沉的猫头鹰、稳重的河马等动物为原型设计消除方块，极富趣味性，游戏受众广，男女老少皆宜。该游戏最大的特点是：操作简单，只需用手指滑动屏幕调换两个相邻的不同动物的位置，至少将横向或竖向上的3个相同的动物方块连在一起，即可消除。如果画面中无动物可消，系统则会自动调换顺序，出现新的游戏画面。游戏中会随机出现3种特效，利用特效可以帮助玩家顺利通关。

该游戏关卡不设上限，随着关卡的更新，破解关卡难度系数逐渐增加。目前，关卡种类有：分数结算关卡、指定消除关卡、获得金豆荚关卡、云朵关卡等。（图8-18至图8-21）

《开心消消乐》（图8-222）游戏的界面与风格相匹配，ICON采用拟物化设计，造型独特，增加了游戏的趣味性。《开心消消乐》中特定的游戏关卡下，都给出了明确的通关任务，图8-23（藤蔓树）是消消乐关卡主线地图，随着关卡挑战的不断深入，玩家会不断向上攀爬，直至到达神秘的云端。好奇心驱使的初始性动机使玩家顺利地完成第一个关卡。整个游戏在激发玩家通关的同时不断更新关卡，游戏的不断更新促成了玩家的持续性动机。由于此款游戏的关卡设计目标明确、创新度适中、难度梯度搭配合理，玩家在不断游戏的过程中最终形成了重复性动机。成功闯过数百关卡后，重复性动机固化为玩家的习惯，形成惯性动机。在惯性动机驱使下，不断完成通关任务则成为玩家不断破解游戏关卡进入下一关卡的根本动力。

该游戏必须完成上一关卡规定的任务后才能进入下一关卡。根据任务规定，在规定的步数或者时间内，结合道具打碎全部冰块、获得规定的分数或获得规定数量的豌豆荚，即可进入下一关卡或开启隐藏关卡。如果操作步骤错误，可利用道具返回上一个操作。若在规定时间内没有完成任务，可利用道具增加时间直至通关。隐藏关卡的开启方法分为风车币开启或星星达到规定数量开启。如图8-24为第23关，本关目标：用24步获得3个豌豆荚。通关办法：打碎冰块，使3个豌豆荚落入底部。找到三只或三只以上可以连成一条直线的同类动物，消除这些动物即可打碎底部冰块，排除豌豆荚往下落的障碍物。步数用得越少，获得的分值就越高，至少获得一颗星才能成功进入下一关卡。

图 8-18

图 8-19

图 8-20

图 8-21

图 8-22

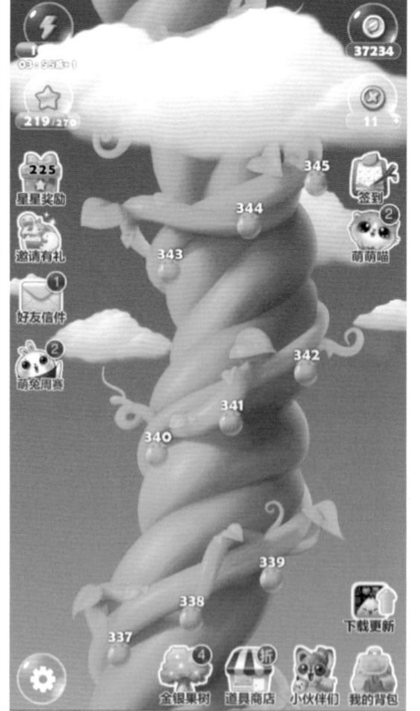

图 8-23

确定本关卡任务目标、起始状态、消除过程、道具利用、完成任务目标通关构成游戏的关卡内容。不同种类的关卡，确定任务目标的方式也不同。如分数过关：在一定步数或时间内，只要获得的分数达到一星标准即可过关。指定消除：在一定步数内，消除的冰块、雪块、目标小动物、直线特效、爆破特效、魔力鸟特效、宝石等数量达到关卡要求（关卡中右上角目标）即可过关。获得金豌豆荚：在一定步数内，将足够数量的金豌豆荚移动到收集口处即可过关。云朵关卡：在一定步数或时间内，只要获得的宝石数达到目标即可过关。

每个关卡起始状态不同，可消除动物的数量也不同。消除过程中画面会根据玩家操作而发生变化，随机性较大，玩家需要有较强的逻辑思维能力和辨识能力，有策略地进行消除。在游戏过程中尽量增加特效概率可以帮助玩家更快地完成任务，如图8-25；还可以通过合理地利用道具增加当前关卡的闯关率。（图8-26）

玩家完成任务目标后会得到星星或随机的道具，顺利进入下一关。如图8-27第86关，本关卡任务：25步内打碎14个冰块。解决办法：游戏过程中要先消除冰块周围的动物；交换动物位置消除冰块；气泡包围的动物会随机发生变化，增加了游戏难度；叶子冰块和花型冰块较坚硬，需多次碰触才能彻底消除，增强了破解目标任务的难度系数；消除过程中顶部不断出现的动物与消除动物后界面的变化增加了特效出现的概率，考验玩家思维策略能力，提高了用户的交互体验。当玩家不碰触界面时，画面中的动物会出现各种奇怪的表情，增加了游戏趣味性。玩家不断消除动物获得满足感和成就感，激发了玩家游戏的持续性动机，提高了游戏的耐玩性。

在交互体验上，该游戏注重简单直接的用户体验，只需上下左右滑动即可消除动物，当玩家未及时找到可消除的动物时，系统会以小动画的形式给予提示，人性化的设计丰富了用户体验。在游戏过程中各种特效都有相应的显示效果，如图8-28、图8-29所示。

图 8-24

图 8-25

图 8-26

8.2.2 美术风格

该游戏界面采用Q版设计风格。Q版卡通形象主要有以下特点：外轮廓形状适当地夸张，如小鸡的鸡冠；抓住角色形态特征，如青蛙的眼睛和嘴巴；大胆的色彩处理，各个角色的代表色；角色整体比例上大下小；等等。

图8-30为《开心消消乐》手机游戏端主页面，使用了清新、活泼的设计风格。游戏界面从上到下，顶部图标密集、底部图标稀疏，左侧顶部图标数量多于右侧，右侧底部图标栏位置的设置避免了画面"头重脚轻"。

在色彩关系上，该游戏界面属于高亮调，整体色调以蓝色和绿色为主，黄色和红色为辅，色相对比多为邻近色对比。

界面中绿色的巨型藤蔓和蓝色天空背景使人感觉清新、活泼，图标信息Q版的表现形式位于屏幕的左侧、右侧和底部。顶部白色气泡包裹蓝色精力图标，与精力值图标和背景的蓝色互相呼应，增加了色调的统一性。好友信件及萌兔周赛图标色调以黄色为主，图标右上角红色的未读信息条，使画面的冷暖对比和谐。画面中图标采用了黄色、绿色、红色和蓝色，丰富了画面的色彩感。

整体结构布局上，按照视觉流程，界面主要由左侧图标栏、中间当前关卡显

图 8-27

图 8-28

图 8-29

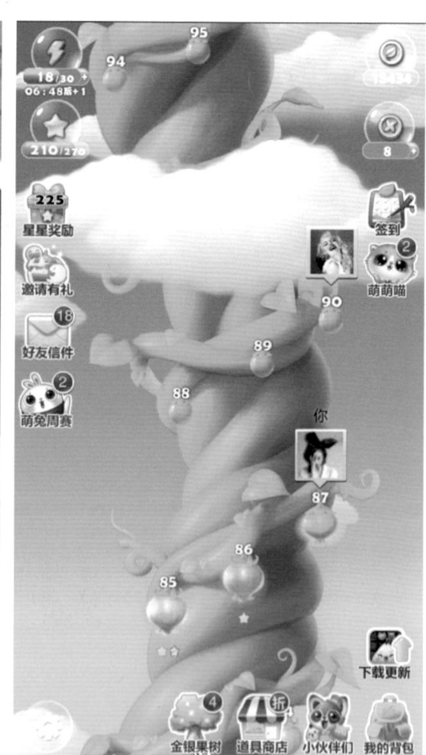

图 8-30

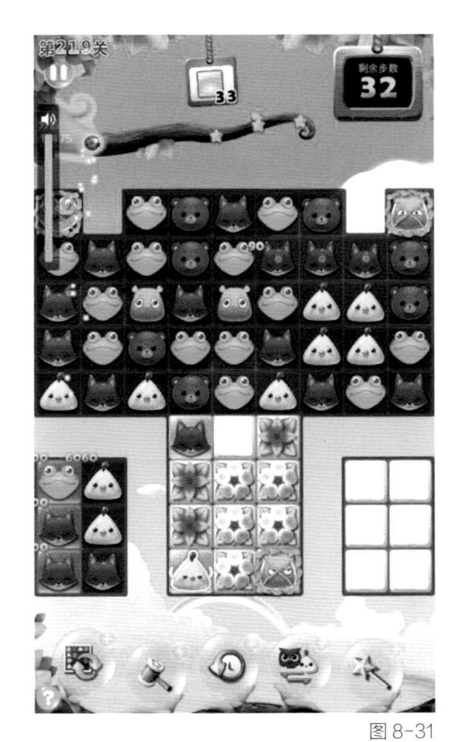

图 8-31

示区域、右侧图标栏和底部图标栏构成。整体布局上，图标大小相同，根据图标位置摆放进行功能区域划分，突出中间关卡信息和视觉中心。游戏界面中的所有图标按照功能重要性进行位置摆放，以方便玩家游戏。根据人体工程学原理，移动端手游图标形状大且疏，界面中的当前关卡显示了玩家的头像（个人微信头像或QQ注册账号头像），不仅能快速分辨出玩家所在的关卡，还能找到好友并及时了解其所在位置。通关获得的星星数量，决定着藤蔓结出果实的颜色，避免了信息辨识度模糊。

左侧图标栏由当前精力值、当前星星拥有数量、星星奖励数量、邀请有礼、好友信件、萌兔周赛组成；中间当前关卡显示区域由玩家目前所在关卡、好友关卡信息分布、已解锁关卡星星获得数、未解锁关卡组成；右侧由当前银币数量、风车币拥有数量、签到等组成；底部由金银果树、道具商店、小伙伴们、我的背包及系统下载更新提示组成。

图标轮廓的具象化，如树的轮廓代表金银果树活动，书包的外形经过Q化设计，提高了图标功能的辨识度。底部商店、背包等图标被摆放在常用图标的位置上。游戏开发商主要靠玩家购买风车币等进行盈利。（图8-31至图8-34）

图 8-32

图 8-33

图 8-34

8.3《极品飞车》关卡赏析

《极品飞车》从1994年第1代到如今第19代，经历了19个版本，跨越了22年，是竞速游戏的代表之作。竞速游戏强调真实的刺激感和速度感。随着时代的进步与软硬件技术的革新，在《极品飞车》系列游戏发展的过程中市面上也涌现出了一大批优秀的竞速游戏，后因各种原因逐一被市场淘汰。《极品飞车》系列游戏以其顽强的生命力，发展至今。

《极品飞车》系列游戏一直保持着写实的游戏画面风格，这对计算机硬件提出了新的要求。每一次硬件的发展，游戏关卡的画面效果也会随之提升。《极品飞车》系列游戏被誉为“电脑硬件杀手”。

《极品飞车》系列游戏的主要操作方式是：玩家通过操作模拟载具，与电脑或者其他玩家进行竞速比赛，在规定的时间内完成任务到达终点，即为胜利。为了增加游戏的吸引力，在游戏中会有不同的故事情节、不同的赛场女郎、不同的游戏模式和全球发售的最新款的真实跑车的模型供玩家选择。在游戏中玩家可以根据自己的喜好选择不同的游戏模式与对抗方式。该游戏需要玩家有敏锐的判断力和高度的手眼协调能力。

真实的游戏画面效果可以给玩家带来真实的操作感和沉浸感。《极品飞车》真实的游戏画面感与紧张而刺激的游戏体验是其他竞速游戏无法比拟的。通过对《极品飞车》系列游戏发展状况的对比分析，可以看出硬件技术发展与社会的进步对游戏发展的推动作用。（图8-35、图8-36）

从《极品飞车》第5代发展至第14代整整经历了10年（2000年至2010年11月），其中具有代表性的几个系列版本为：“热力追踪”系列，“地下狂飙”系列以及“变速”“保时捷之旅”几个经典版本。下面以《极品飞车5：保时捷之旅》和《极品飞车14：热力追踪 3》这两个游戏版本为节点进行分析。（图8-37、图8-38）

图 8-35

图 8-36

图 8-37

图 8-38

图 8-39

图 8-40

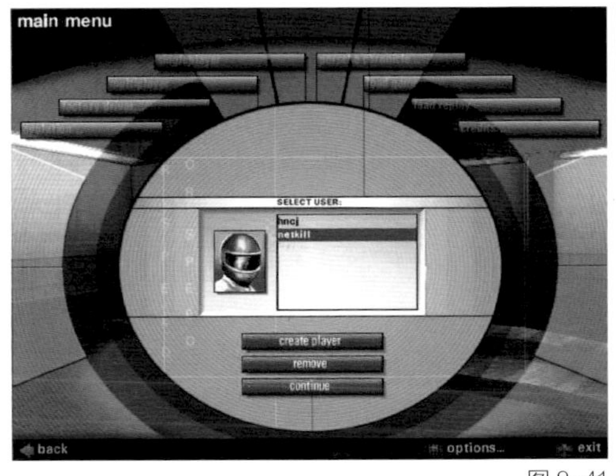

图 8-41

图 8-42

《极品飞车5：保时捷之旅》是《极品飞车》系列游戏早期的代表作。它具有兼容性强、硬件要求低、力学系统较为真实等特点。《极品飞车5：保时捷之旅》的游戏画面在当时颇为震撼，植被较以往的版本更为丰富，同时游戏还加入了各种天气特效、山路跑道等场景。《极品飞车5：保时捷之旅》中的车辆动作是按照真实车辆的动力学原理而设计，驾乘感受非常特殊。但由于开发者一味地强调真实感，而忽视了对车辆的控制。个性化定制在《极品飞车5：保时捷之旅》中也逐渐显现出其独特的魅力，玩家可以选择各种汽车配件，可以调校汽车的性能，并且每次调校和改装都能反映出汽车不同的状态。在操控外设上《极品飞车5：保时捷之旅》兼容所有形式的游戏杆和方向盘，玩家还可以根据自己的习惯设置快捷键。支持当时显卡支持的所有分辨率，不限帧数、分辨率，以及个性化改装的方式使其受到玩家的一致追捧，其受欢迎程度在2000年所有竞速游戏中位居前列。（图8-39、图8-40）

《极品飞车14：热力追踪 3》是较为经典的版本，其游戏画面在最新硬件系统的支持下变得更为精致，视觉特效更为丰富，尤其是赛道两侧的建筑物和风景，给玩家带来炫酷、时尚的视觉感受。《极品飞车14：热力追踪 3》的操控设计在虚拟与现实中找到了最佳的平衡点，不但具有真实汽车的驾乘感，而且加强了汽车操控的游戏体验。个性化定制在《极品飞车14：热力追踪 3》中已经发展得非常完善，改装汽车的内容更加多样，有更多的细节参数设置，操控外设同样沿用早期版本的全兼容模式、用户自定义快捷键等。《极品飞车14：热力追踪 3》以操作模式简单、画面精美获得了玩家的一致好评。（图8-41、图8-42)。

8.3.1 交互性的改变

早期的《极品飞车5：保时捷之旅》，在当时全球互联网游戏还并不普及的背景下发行，所以该版本游戏的运行方式主要以单机和局域网联机为主。玩家的游戏乐趣来自解锁不同类型的车辆、解锁新赛道、获得隐藏的车型等。随着互联网技术的普及与发展以及人们生活节奏的加快，《极品飞车》系列游戏全球联网性越发突出。在近期几个游戏版本中，联网已成为一种成熟的游戏方式，玩家改装车辆、个性化定制车型等诸多信息全球同步，给玩家带来前所未有的游戏体验。

在关卡设计方面，早期的《极品飞车》系列游戏关卡设计得较为简单，不断获得新的车型与全新的路段这种单一的游戏方式很难满足玩家日益增长的游戏体验需求。从《极品飞车7：地下狂飙》到《极品飞车13：变速》开始了网络联机，并且还加入了较为丰富的故事情节，游戏节奏逐渐加快。在《极品飞车13：变速》之后的版本中多平台的运行、互联网对战排名等逐渐完善，并且游戏性也逐年增强。

8.3.2 界面设计的改变

《极品飞车5：保时捷之旅》的界面设计使用的是当时较为流行的立体造型方式。按钮的立体效果较为突出，整个界面主要强调立体化按钮给玩家带来的视觉感受。《极品飞车5：保时捷之旅》的界面设计，动态效果较为单一，界面转换比较生硬，界面与界面之间的转换时间较长。《极品飞车14：热力追踪3》界面设计采用了当时较为流行的扁平化界面设计风格，几乎取消了按钮的设计，取而代之的是简单明了的版式设计。背景游戏的动态可以完全贴合，游戏界面之间的转换非常流畅。（图8-43、图8-44）

8.3.3 静止状态下场景效果的改变

车库是相对静止的场景，这样的场景可以体现更多的模型细节与精致的纹理效果。早期的游戏版本不能支持过多的模型面片与精细的纹理贴图，对灯光的支持也极为单一。游戏的模型多则有上千个、少则只有几十个三角面。游戏贴图多为256×256像素。由于受面数与贴图的制约，早期版本的《极品飞车》一个车库内部只能放入一辆车，即使玩家拥有多辆车也无法一起显示，只能单车预览。车库设计得比较简单，没有真实的灯光与阴影效果，车库内部的贴图也相对粗糙。在《极品飞车》近几个游戏版本中，游戏引擎可以支持上百万甚至上亿个三角面的计算，高清的纹理贴图加上全局照明、光线追踪阴影效果，使得游戏画面效果直逼现实。车库效果发生了翻天覆地的变化，车库内部不但可以添加多部车辆，车库的地面也已经具有了真实地面的反光效果。车库内部设计更为丰富，纹理细节也非常精致，如果玩家将所有特效全部打开，将很难分辨是游戏场景还是现实照片。（图8-45、图8-46）。

图8-43

图8-44

图 8-45

图 8-46

8.3.4 运动状态下场景效果的改变

汽车在路面上行驶的动态视觉效果是对计算机硬件与运算速度最大的挑战。对《极品飞车》类的竞速游戏，不但要求有精美的画面，还要求有流畅的画质。早期版本，贴图主要是以256×256像素为主，路面的中远景纹理效果较为清晰，近景中的路面则变得极为模糊。

草地多为一张平面的纹理贴图，所有的草地连成一片没有高低起伏的细节变化。游戏中的树木使用的是十字贴图方式，一棵树木仅由四个三角面组成，树冠与主体没有明显区分。由于建筑物的加入会大幅度增加电脑的运行速度，早期游戏版本多为郊区风景，建筑物只是零星地穿插，并且多由简单的面片组成，远处的建筑物一般则直接用贴图替代。2048×2048像素的大型高清贴图的引入，使画面可以表现出更丰富的纹理效果。法线贴图的加入使游戏画面更加真实。尤其在《极品飞车》近几个游戏版本中，游戏场景中的草地变得更为真实，每颗小草都有独立的模型与贴图，树木模型更是惊人，几乎和真实树木没有差别。建筑物的形式逐渐变得更为丰富具体，游戏关卡中还加入了各种城市环境的赛道。

图 8-47

图 8-48

8.3.5 动力学的改变

动力学与特效可以给玩家带来更为丰富的游戏感受。早期的《极品飞车》几乎没有加入动力学系统，汽车的损毁、道具的破裂等都需要提前预设，效果单一。例如汽车撞到障碍物时，经常会从障碍物中穿过或者卡在障碍物中；经过草地路面时，草地没有任何形式的变化。在《极品飞车14：热力追踪 3》中，动力学已经得到了空前的发展，道具从不同方位撞击会产生不同的碎裂效果，汽车损毁完全依据动力学模拟。树木可以被撞断，花草可以受汽车的气流影响而左右摆动。（图8-47、图8-48）

游戏关卡的设计与计算机硬件的发展是紧密相连的，在不同时代人文与技术背景下所诞生的游戏关卡也有所不同，《极品飞车》系列游戏的发展变化体现着一个时代的发展和进步。从《极品飞车5：保时捷之旅》到《极品飞车14：热力追踪3》所发生的变化并非一蹴而就，其中有着千丝万缕的联系，对每个版本的游戏进行体验与系统地梳理可以使游戏关卡设计师获得丰富的经验。

后记

游戏行业的发展日新月异，一条优秀的游戏“生产线”是一款优秀游戏能够产出的硬件保障。流程化、系统化一直是西方国家产业化的思路，中国自引入产业化标准后，开始探索有中国特色产业化发展思路，中国的游戏美术行业也是如此。“摸着石头过河”是每个实践者必须经历的过程，笔者本着向西方游戏产业学习的态度，对西方游戏的制作流程认真地翻阅与筛选，最终形成本书。

任何一个时代，游戏美术都会随着制作的要求不断地变化，最基础、最永恒的仍然是人的审美情趣。本书作为游戏关卡设计的指导性图书，未能从纯艺术的角度更多地探讨游戏美术的发展脉络也有少许遗憾。

本书选入的附图取自不同的渠道，在书中难以一一具体标注，在此一并表示歉意。在这里我也要向创作这些优秀作品的艺术家们表达深深的谢意，是你们用超凡的智慧创造了极具美术价值的作品，使我们的时代变得丰富多彩。

在这里特别感谢先知梦灵、陶秀瑾、杨月梅三位同学为本书所做的文字校对、资料整理和图片优化等工作。

参考文献

1. 黄石，丁肇辰，陈妍洁. 数字游戏策划[M]. 北京：清华大学出版社，2008

2. [美] Phil Co. 游戏关卡设计[M]. 姚晓光，孙泱译. 北京：机械工业出版社，2007

3. [美] 赫夫特. 剑与电——角色扮演游戏设计艺术[M]. 陈洪等译. 北京：清华大学出版社，2006